Peter Brucker

Morphometrische Untersuchung des Hirnschädels vom Pferd mit einem computergestützten 3-dimensionalen Messsystem

Cuvillier Verlag Göttingen
Internationaler wissenschaftlicher Fachverlag

Bibliografische Information der Deutschen Nationalbibliothek
Die Deutsche Nationalbibliothek verzeichnet diese Publikation in der Deutschen Nationalbibliografie; detaillierte bibliografische Daten sind im Internet über http://dnb.d-nb.de abrufbar.
1. Aufl. - Göttingen: Cuvillier, 2015
Zugl.: Hannover (TiHo), Univ., Diss., 2015

Nonnenstieg 8, 37075 Göttingen
Telefon: 0551-54724-0
Telefax: 0551-54724-21
www.cuvillier.de

1. Auflage, 2015
Gedruckt auf umweltfreundlichem, säurefreiem Papier aus nachhaltiger Forstwirtschaft.

ISBN 978-3-7369-9076-0
eISBN 978-3-7369-8076-1

Tierärztliche Hochschule Hannover

Morphometrische Untersuchung des Hirnschädels vom Pferd mit einem computergestützten 3-dimensionalen Messsystem

INAUGURAL - DISSERTATION
zur Erlangung des Grades
eines Doktors der Veterinärmedizin
– Doctor medicinae veterinariae –
(Dr. med. vet.)

vorgelegt von
Peter Brucker
Reutlingen

Hannover 2015

Wissenschaftliche Betreuung: Prof. Dr. Hagen Gasse
Anatomisches Institut
Tierärztliche Hochschule Hannover

1. Gutachter: Prof. Dr. Hagen Gasse
Anatomisches Institut
Tierärztliche Hochschule Hannover

2. Gutachter: Prof. Dr. Karsten Feige
Klinik für Pferde
Tierärztliche Hochschule Hannover

Tag der mündlichen Prüfung: 29.06.2015

Meiner Familie gewidmet

Teilergebnisse dieser Dissertation wurden auf folgendem Kongress präsentiert:

- BRUCKER, P., A. LANG, T. WREDE u. H. GASSE (2014):
  Craniometry on equine skulls by means of a computer-aided 3-dimensional measuring device.
  in: 109th Annual Meeting, Anatomische Gesellschaft, Salzburg, 24. – 27.09.2014 (Poster 24).
  Internet: URL: http://anatomische-gesellschaft.de/tagungen-ag3/abstract-archive.html

Abkürzungen

Abb.	Abbildung
dir	direkt
Kap.	Kapitel
ext.	externus, -a, -um
front.	frontale (in Os frontale)
long	longitudinal
Tab.	Tabelle
temp.	temporale (in Os temporale)
trans	transversal
vert	vertikal
R	rechts
L	links
POI	Point of Interest (POIs = Plural)
ABS	Absolut (Excel-Funktion)
ANOVA	Analysis of Variance
SAS	Statistical Analysis System
AG	Altersgruppe
S	Standardabweichung
M	Mittelwert
ØS	Durchschnittliche Standardabweichung
i	immatur

Inhaltsverzeichnis

1 Einleitung

In Ermangelung stereotaktischer Atlanten vom Pferd besteht ein Bedarf an Orientierungsmarken („Landmarks“) außen am Kopf, die genutzt werden können, um bei einer diagnostischen oder therapeutischen Maßnahme ein zielgenaues Manöver zu einer neurologischen Struktur innerhalb der Schädelhöhle zu ermöglichen. Dabei kann z.B. relevant sein: (1) Die Lokalisation und Einschätzung von Frakturen im Bereich des Kopfes, insbesondere des Neurocraniums, wie sie bei schweren Traumen entstehen können (FEIGE et al. 2000; MACKAY 2004; FEARY 2007); (2) die Lokalisation eines Zugangs zur Hypophyse des Pferdes zwecks einer etwaigen Therapie des Cushing-Syndroms (PEASE et al. 2011).

Voraussetzung für die Zielgenauigkeit ist die verlässliche Kenntnis der Abstände jener Marken außen am Kopf von den Zielorten innerhalb der Schädelhöhle. Als geeignete Orientierungsmarken kommen vorspringende Strukturen am Kopfskelett („Knochenpunkte“) in Betracht (BRUCKER et al. 2014).

Die Ermittlung solcher Abstände/Messstrecken zwischen extracranialen und intracranialen Knochenpunkten stellt allerdings technisch eine große Herausforderung in der Craniometrie dar, denn:

(1) Mit herkömmlichen Messinstrumenten (Zirkel, Lineal, Maßband, Messschieber) können ein extracranialer und ein ihm zuzuordnender intracranialer Punkt nicht direkt erreicht werden, ohne dass die zu messende Strecke zwischen diesen Punkten zunächst freigelegt werden müsste.

(2) Durch die partielle Objektzerstörung werden nachfolgende Messungen anderer Strecken am selben Objekt zunehmend erschwert oder unmöglich gemacht.

(3) Mehr noch als bei solchen Punkt-zu-Punkt-Messungen (Bestimmung der „direkten“ Entfernung zweier Punkte voneinander) ist mit Ungenauigkeiten zu rechnen, wenn die Abstände der Ebenen (z. B. der Querebenen) gemessen werden sollen, auf denen sich die Punkte befinden („indirekte“ Abstände, die z. B. aussagen, wie weit ein Punkt „vor“ oder „hinter“ dem anderen gelegen ist).

Darum ist es das Ziel dieser Arbeit,

(i) geeignete sichtbare und/oder tastbare Knochenpunkte außen am Schädel zu bestimmen (extracraniale Knochenpunkte);

(ii) intracraniale Punkte festzulegen, die eine enge Lagebeziehung zu bestimmten Arealen des Gehirns, zu bestimmten Hirnnerven sowie zu anderen intracranialen Strukturen/Organen (z. B. Hypophyse, Blutleiter) aufweisen;

(iii) die Abstände zwischen den äußeren und inneren Punkten mit Hilfe eines computer-gestützten 3-dimensionalen Messinstrumentes (Faro® Fusion Messarm, Faro Europe, Stuttgart) in den drei Raumrichtungen rostro-caudal, dorso-ventral, latero-lateral zu berechnen;

(iv) die altersabhängigen Unterschiede hinsichtlich der Lage jener sichtbaren und/oder tastbaren extracranialen Knochenpunkte sowie der intracranialen Punkte zu erfassen.

(v) die Maße ausgewählter Strecken in Form von Referenzlisten zusammenzustellen; ein Sachregister soll dem Leser die gezielte Suche im Text und das Auffinden bestimmter Strukturen (Points of Interest, POIs, und zugehörige Strecken) erleichtern.

Der Faro® Fusion Messarm ist ein tragbares Koordinatenmessgerät (KMG). Er wird im Rahmen der industriellen Fertigung eingesetzt, um die Produktqualität mit Hilfe von 3-D Inspektionen, CAD-Vergleichen, Dimensionsanalysen und Reverse Engineering zu überprüfen und sicherzustellen (ANONYMUS 2015). Aufgrund hoher Beweglichkeit des Faro® Fusion Messarms sind auch schwer zugängliche Punkte erreichbar; sie können in eine Lagebeziehung zueinander gesetzt werden und die Abstände zwischen ihnen sind folglich berechenbar. Da – wie bereits angedeutet – mit dem Faro® Fusion Messarm Punkte erreichbar sind, die für andere Messgeräte an nicht oder nur schwer erreichbaren Stellen liegen (WREDE 2013) und dadurch womöglich unpräzise erfasst werden, erscheint das Gerät sehr gut geeignet, den genannten Anforderungen bei der Craniometrie zu genügen; bisherige eigene Voruntersuchungen (BRUCKER et al. 2014) unterstützen diese Auffassung.

2 Literaturübersicht

Die Vermessung von Knochen (Osteometrie), insbesondere die von Schädeln (Craniometrie), des Pferdes hat seit über hundert Jahren in verschiedenen Teilgebieten eine Bedeutung, z. B. in der Archäologie (DRIESCH 1976), in der Archäozoologie (CHROSZCZ et al. 2014) oder in der Tierzucht (KOMOSA et al. 2006), wenngleich die Zahl von Publikationen – insbesondere zum Pferd, und dabei speziell zum Hirnschädel (Neurocranium) – auffällig gering erscheint.

Die kraniometrischen Methoden (d.h. Messungen am Knochenpräparat) unterscheiden sich zum Teil sehr stark. Zunächst fanden zur Vermessung des Pferdeschädels vor allem Messschieber, Zirkel und Lineal Anwendung (LÖFFLER 1919; DRIESCH 1976; KOMOSA et al. 2006). Das Maßband dagegen ist nach KRAHMER (1963) als Messinstrument zu ungenau, da die Ergebnisse stark variieren.

Nach dem Gebrauch von analogen Instrumenten (Zirkel und Lineal) rücken zunehmend digitale Messmethoden (an digitalisierten Fotos: EVANS u. MCGREEVY [2006]; an CT-Aufnahmen: MORROW et al. [2000]; ERIKSEN et al. [2012]) in den Vordergrund.

Generell ist es zunächst wichtig, die Lage und Beschaffenheit der für die Messungen benutzten Punkte zu definieren und reproduzierbar zu beschreiben, damit vergleichbare Ergebnisse erzielt werden können. Ein diesbezüglich sehr umfangreiches und ausführliches Werk ist die Messanleitung von DRIESCH (1976): Es enthält detaillierte Festlegungen einer Vielzahl von Punkten an vielen verschiedenen Knochen verschiedener Haus- und Wildtierrassen; die Punkte werden bezüglich ihrer Eignung bewertet, Messstrecken werden vorgeschlagen.

Mit den Vorgaben dieser Messanleitung (DRIESCH 1976) hat KOMOSA et al. (2006) die Schädel von 43 Pferden miteinander verglichen; er wählte 34 Messstrecken aus, um zu klären, ob anhand der Schädelproportion auf den Konstitutionstyp des Pferdes geschlossen werden kann. Eine detaillierte morphometrische Analyse speziell des Hirnschädels (Neurocranium) ist hier nicht enthalten.

LÖFFLER (1919) untersuchte das Verhältnis von Angesichts- zu Hirnschädel (Viscero- zu Neurocranium) des Pferdes vor allem im fetalen und frühen postnatalen Stadium (18 Feten, 12-24 Wochen; ein neugeborenes Fohlen; 4 Fohlen, 3 Tage bis 6 Monate; ein Jährling; 1 adultes Pferd ohne Altersangabe; ein 7 Jahre altes Pferd). Die Länge des Schädels nahm – im Vergleich zur Breite (gemessen im Bereich des Os parietale) – zu, d.h. der Schädel wurde mit steigendem Alter länger und schmaler, und zwar insbesondere zu Gunsten des Viscerocaniums (im Nasen- und Kieferbereich).

LÖFFLER (1919) stellte heraus, dass das mächtige Gehirnwachstum mit einer ebenso mächtigen Entwicklung des fetalen Gehirnschädels einhergeht; diese Entwicklung ist früher beendet als die des Gesichtsschädels und fällt dann hinter jene zurück. Am Längenwachstum des Hirnschädels ist gemäß LÖFFLER (1919) die Pars basilaris des Os occipitale (45 mm bei dem 6 Wochen alten Fohlen; 65 mm bei dem 7 Jahre alten Pferd) beteiligt; Längenangaben des Corpus des Os sphenoidale decken in der Studie von LÖFFLER (1919) nicht denselben Zeitrahmen ab, sondern beziehen sich auf die Feten sowie auf die Fohlen im Alter von einem Tag, drei Tagen, 6 Monaten und auf einen Jährling.

Mit Blick auf die *Innenseite* des Pferdeschädels wählte KRAHMER (1963) die Strecke vom caudo-dorsalen Rand des Foramen occipitale („Foramen occipitale magnum“) bis zur Lamina cribrosa der Fossa ethmoidalis als Maß für die Länge des Hirnschädels. Ähnlich wie in der Arbeit von KOMOSA et al. (2006) standen Fragen nach der Anwendbarkeit kraniometrischer Daten für die Beschreibung/Beurteilung des Phänotyps der Pferde in Bezug auf die Pferderasse im Mittelpunkt: KRAHMER (1963) zeigte, dass sich die Extreme (Pony versus Kaltblut) in den Messwerten widerspiegelten, dagegen aber die ähnlichen Phänotypen (Hannoveraner versus Oldenburger oder Haflinger) nicht.

Os ethmoidale und Os occipitale wurden auch von CHROSZCZ et al. (2014) für Messungen im Rahmen archäozoologischer Studien ausgewählt; die Länge der Strecke zwischen dem Basion (caudalster Punkt der Pars basalis ossis occipitalis) und dem Ethmoideum (rostralster Punkt an der Crista galli) war ein geeigneter Parameter für die Ermittlung der Widerristhöhe mittels mathematischer Prozeduren (für das Pferd modifizierte Formel von WYROST u. KUCHARCZYK [1967]).

In keiner der genannten Arbeiten – auch nicht in der Messanleitung von DRIESCH (1976) – wurden Strecken untersucht, die von einem Punkt außen zu einem Punkt innen reichten; darüber hinaus wurden bei DRIESCH (1976) relativ wenige Messstrecken angegeben, die sich speziell auf das Neurocranium beziehen. Dies mag der Tatsache geschuldet sein, dass es nur schwer (wenn überhaupt) möglich war, mit den genannten analogen Messwerkzeugen von einem äußeren Punkt zu einem inneren Punkt zu gelangen, ohne dabei Teile des Schädels zu zerstören.

3 Material und Methode

3.1 Untersuchungsgut

Das Probenmaterial umfasste 36 mazerierte Schädelhälften (die Köpfe waren median längs halbiert worden) von Warmblutpferden.
Diese Schädelhälften stammten aus dem Fundus des Anatomischen Instituts der Tierärztlichen Hochschule Hannover oder wurden von Köpfen angefertigt, die zuvor zu Lehrzwecken in den Präparierkursen des Instituts genutzt worden waren. Es wurden keine Tiere speziell für diese Untersuchung euthanasiert. Geschlecht und Alter der Tiere waren vorberichtlich nicht bekannt.

Tab. 1: Übersicht über die zur Verfügung stehenden Schädelhälften von Warmblutpferden.

Nr.	Alter * (Jahre)	Schädelhälfte	Nr.	Alter * (Jahre)	Schädelhälfte
1	19	R	20	9	R
2	7,5	L	21	13	L
3	8	R	23	7	R
4	14	R	24	9	L
5	14	R	25	7,5	R
6	14	L	26	14	R
7	4	R	27	9	R
9	1	L	28	13	R
10	8	R	29	16,5	R
11	11	R	30	2,5	R
12	11	L	31	23	R
13	10	R	32	0,12	L
14	16	R	33	16,5	R
15	16	L	34	3,5	L
16	3	L	35	0,12	L
17	14	L	36	23	L
18	9	R	37	7	R
19	13,5	L	38	18	R

* geschätzt anhand der Zähne (siehe 3.2.5.1, 3.2.5.2)
R = Rechts, L = Links

Die ursprünglich im Untersuchungsgut vorhandenen Schädelhälften Nr. 8 und Nr. 22 wurden verworfen: Anhand der Zähne wurden sie als adult eingeschätzt (Kundenfreiheit), waren aber beide auffällig kleiner als alle anderen; auch ihre Messwerte waren bei den Probemessungen sehr viel kleiner, so dass sie vermutlich zu Ponys, anstatt zu Großpferden, gehörten.

3.1.1 Probenvorbereitung: Mazeration

Die für die Messung ausgewählten Pferdeköpfe wurden mit einem Messer abgefleischt, anschließend mindestens 24 Stunden unter fließendem Wasser gewässert und danach bei 60 °C in einer Waschmittellösung (5 %) 3-4 Wochen mazeriert. Die Waschmittellösung wurde alle 2-3 Tage gewechselt; gegebenenfalls wurden dabei lockere Partikel (Gewebeanhaftungen) vorsichtig mechanisch entfernt. Nach der Mazeration wurden die Pferdeschädel 2 Stunden in einer Waschmittellösung (5 %) abgekocht (entfettet). Sie wurden dann zum Bleichen in einer Wasserstoffperoxid-Lösung (0,5 %) nahe dem Siedepunkt erhitzt und verblieben 1 Stunde in der Lösung ohne weitere Wärmezufuhr. Schließlich wurden sie – ohne eine weitere spezielle Entfettung – an der Luft getrocknet.

3.1.2 Antastpunkte/Points of Interest (POIs)

Mit einem weichzeichnenden Bleistift wurden auf den Schädelpräparaten so genannte Antastpunkte aufgetragen *; sie werden im Folgenden auch als Points of Interest (POIs) bezeichnet.

---

*Diese werden mit der Spitze des Faro® Fusion Messarms berührt, also „angetastet“.

Tab. 2: Übersicht über außen am Schädel gelegene Points of Interest (POIs); vergleiche dazu Abb. 1.

POI	Lagebeschreibung (+ = gut tastbar am lebenden Pferd)
0	Rostralster Punkt des Schädels (am Margo alveolaris des Os incisivum) (+)
1	Rostralster Punkt der Orbita (+)
2	Rostralster Punkt des Foramen supraorbitale (+)
3	Rostralster Punkt der Linea temporalis (+) (= rostralster Punkt des Processus zygomaticus des Os frontale in der Fossa temporalis)
4	Der höchste und zugleich caudalste Punkt des Processus zygomaticus des Os temporale (+)
5	Auf der Linea temporalis gelegener, rostralster Punkt des Os parietale (+)
6	Auf der Crista supramastoidea gelegener Punkt; auf halber Strecke zwischen den POIs 4 und 11
7	Der Schnittpunkt der Linie zwischen den POIs 4 und 5 mit der Linie zwischen den POIs 8 und 11
8	Der Schnittpunkt der Linie zwischen den Punkten 4 und 14 mit der Linie zwischen den Punkten 7 und 11 (beide Linien stehen in einem
9	Die Hälfte der Entfernung zwischen den Punkten 6 und 14
10	Der Schnittpunkt der Linien zwischen den Punkten 7 und 11 mit der Linie zwischen den Punkten 6 und 14
11	Punkt lateral an der Crista nuchae (wo diese in die Crista supramastoidea übergeht)
12	Die Hälfte der Entfernung zwischen den POIs 7 und 8
13	Median gelegener Schnittpunkt der rostral verlängerten Linie zwischen POIs 3 und 7 mit der medial verlängerten Linie zwischen POIs 14 und 16
14	Der Punkt auf der Medianen, der von der medial verlängerten Verbindungslinie zwischen den Punkten 4 und 8 getroffen wird
15	Der Punkt auf der Medianen, der von der Verbindungslinie zwischen Punkt 9 auf der rechten und Punkt 9 auf der linken Schädelhälfte getroffen wird
16	Der caudalste und zugleich medialste Punkt des Schädels, d.h. dorsomedian an der Crista nuchae (+)
23	Der caudalste Punkt der Orbita (+)

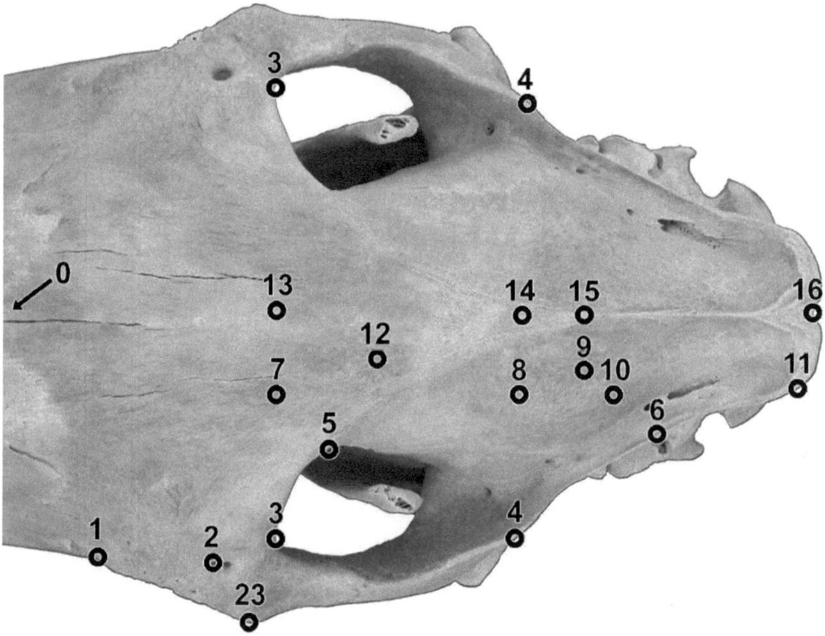

Abb. 1: Points of Interest (POIs) auf der Außenseite des Pferdeschädels (der Punkt 0 befindet sich an dem hier nicht sichtbaren Margo alveolaris des Os incisivum).

Tab. 3: Übersicht über innen am Hirnschädel gelegene POIs; vergleiche dazu Abb. 2.

POI	Lagebeschreibung
17	Median auf der Crista orbitosphenoidalis
18	Median auf der Crista sphenooccipitalis
19	Der zentrale Punkt des Porus acusticus internus
20	Der rostro-ventralste Kontaktpunkt zwischen Pars petrosa und Pars squamosa des Os temporale
21	Der dorsalste Kontaktpunkt zwischen Pars petrosa und Pars squamosa des Os temporale
22	Der lateralste Punkt des Cavum cranii auf der Facies cerebralis der Pars squamosa des Os temporale
24	Am dorsalen Rand des Foramen magnum in der Medianen (= Opisthion [DRIESCH 1976])
25	Der rostralste Punkt des Cavum cranii (dorsal der Fossa ethmoidalis)
26	Der caudalste Punkt der rostralen (großen) Abteilung des Cavum cranii (rostral am Tentorium cerebelli osseum gelegen)

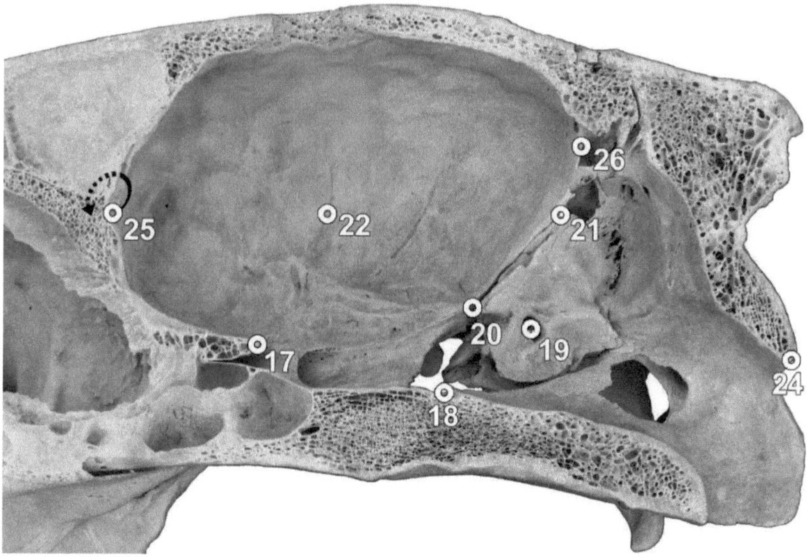

Abb. 2: Points of Interest (POIs) auf der Innenseite des Hirnschädels vom Pferd.

3.1.3 Zu berechnende Strecken

Die Länge der direkten Verbindung zwischen jeweils zwei der genannten Antastpunkten (POIs) wird als Δdir bezeichnet.

Die *Bezeichnung* nennt die beiden beteiligten POIs:
zuerst den *rostralen*, dann den *caudalen* (Beispiel: Δdir 3-4, Δdir 7-4, vgl. Abb. 1).

Aufgrund der Lage der POIs außen oder innen am Schädel wurden drei Gruppen gebildet:

Gruppe 1 (POI außen - POI außen), also folgende Strecken:
0-2, 0-16, 1-2, 1-3, 2-3, 2-5, 2-13, 2-23, 3-4, 3-5, 3-7, 3-11, 3-13, 4-8, 4-14, 5-8, 7-8, 7-11, 9-10, 13-5, 13-14, 13-16, 23-4, 23-16, 23-24

Gruppe 2 (POI außen - POI innen), also die Strecken:
2-17, 3-17, 3-26, 4-26, 5-22, 12-18, 13-17, 13-18, 13-19, 13-21, 13-22, 13-26, 17-4, 17-6, 17-8, 17-10, 17-11, 17-12, 18-4, 18-8, 18-10, 18-11, 22-4, 22-11, 25-3, 25-4, 25-5, 25-13

Gruppe 3 (POI innen - POI innen):
17-18, 17-20, 17-22, 22-20, 22-21, 22-26, 25-22, 25-26

3.2 Methode

3.2.1 Messgeräte

Für die Erhebung von Längenmaßen an den Pferdeschädeln wurden verschiedene Messgeräte eingesetzt, und zwar

(1) analoge Geräte: Messschieber, Zirkel, Lineal;

(2) ein digitales System: Faro® Fusion Messarm in der Abteilung Fertigungsmesstechnik der Fakultät II der Hochschule Hannover *

Die mit den analogen Geräten erhobenen Daten wurden in Hinblick auf die Messgenauigkeit mit denen des digitalen Systems verglichen.

3.2.2 Faro® Fusion Messarm und Betriebssoftware DELCAM PowerINSPECT

Der Faro® Fusion Messarm ist auf 7 Achsen gelagert. Der Arbeitsradius reicht von 1,8 m bis 3,7 m. Um sehr genau messen zu können, darf das zu vermessende Objekt nicht näher als 1,8 m am Faro® Fusion Messarm gelagert werden. Die Messgenauigkeit wird vom Hersteller mit 0,036 mm bis 0,104 mm angegeben. Die Messsonde, mit der die am Pferdeschädel ausgewählten/markierten Antastpunkte (Points of Interest, POIs) berührt (angetastet) wurden, war speziell für diese Untersuchung angefertigt ** und kalibriert worden. Ihre Spitze hatte eine Dicke von 1,0 mm.

---

* Herrn Dipl. Ing. T. Wrede sei für die Einführung am Gerät und für die Fachberatung aufs Herzlichste gedankt.

** Herrn Dipl. Ing F. Goblet sei für die Anfertigung der Messsonde und für die Fachberatung aufs Herzlichste gedankt.

Das Betriebssystem des Faro® Fusion Messarms – DELCAM PowerINSPECT (DELCAM Birmingham, UK) – diente dazu, die 3-D Koordinaten der Antastpunkte (Points of Interest, POIs) zu erfassen. Die Software berechnete dann die Länge der direkten Abstände (Δdir) zwischen diesen Punkten und gab die berechneten Strecken in einem Datenblatt (read-out) aus. (Abb. 3 - Abb. 5).

Fachhochschule Hannover
University of Applied Sciences and Arts

PowerINSPECT

Fachhochschule Hannover
Ricklinger Stadtweg 120
D-30459 Hannover

Telefon: +49 (0) 511 92 96 0
Fax: +49 (0) 511 92 96 1111
Web Site: www.fh-hannover.de

Projekt:	Master	Prüfer:	Brucker
Bezeichnung:	Schädelmessung	Modell:	
Reportdatum:	Mittwoch, 21. November 2012 10:36:49		

Masterebene

Punkt 1 (Datum - *Geometrische ELP Ausrichtung 1::*)

		untere Tol	obere Tol	Soll	Ist	Abweichung	Fehler
Punkt	X	-----	-----	-----	0,000	-----	-----
	Y	-----	-----	-----	-0,000	-----	-----
	Z	-----	-----	-----	0,000	-----	-----

1

RP 0 (Datum - *Geometrische ELP Ausrichtung 1*)

		untere Tol	obere Tol	Soll	Ist	Abweichung	Fehler
Zielpunkt	X	-----	-----	-----	239,364	-----	-----
	Y	-----	-----	-----	147,573	-----	-----
	Z	-----	-----	-----	51,949	-----	-----
Abstand zum Zielpunkt		-----	-----	-----	285,957	-----	-----
Abstand zur Zielebene		-----	-----	-----	xxxxx	-----	-----
Abstand zur Ebene		-----	-----	-----	xxxxx	-----	-----

Number of probed points: 1

RP 1 (Datum - *Geometrische ELP Ausrichtung 1*)

		untere Tol	obere Tol	Soll	Ist	Abweichung	Fehler
Zielpunkt	X	-----	-----	-----	548,295	-----	-----
	Y	-----	-----	-----	212,794	-----	-----
	Z	-----	-----	-----	136,330	-----	-----
Abstand zum Zielpunkt		-----	-----	-----	603,734	-----	-----
Abstand zur Zielebene		-----	-----	-----	xxxxx	-----	-----
Abstand zur Ebene		-----	-----	-----	xxxxx	-----	-----

Number of probed points: 1

Abb. 3: Auszug (Deckblatt / 1. Seite) aus dem Ausgabedokument (read-out) einer Messung mit dem Faro® Fusion Messarm

25-26 (References: ***RP 25::Zielpunkt, RP 26::Zielpunkt*****)**

	untere Tol	obere Tol	Soll	Ist	Abweichung	Fehler
Abstand	-----	-----	-----	114,135	-----	-----

25-22 (References: ***RP 25::Zielpunkt, RP 22::Zielpunkt*****)**

	untere Tol	obere Tol	Soll	Ist	Abweichung	Fehler
Abstand	-----	-----	-----	67,507	-----	-----

0-16 (References: ***RP 0::Zielpunkt, RP 16::Zielpunkt*****)**

	untere Tol	obere Tol	Soll	Ist	Abweichung	Fehler
Abstand	-----	-----	-----	552,534	-----	-----

4-25 (References: ***RP 4::Zielpunkt, RP 25::Zielpunkt*****)**

	untere Tol	obere Tol	Soll	Ist	Abweichung	Fehler
Abstand	-----	-----	-----	95,081	-----	-----

Abb. 4: Auszug aus dem Ausgabedokument (read-out) einer Messung mit dem Faro® Fusion Messarm, hier als Beispiel von direkten Strecken (Abständen) zwischen den Points of Interest (POIs) 0, 4, 16, 22, 25 (jeweils als rence“ und „Zielpunkt“ bezeichnet).

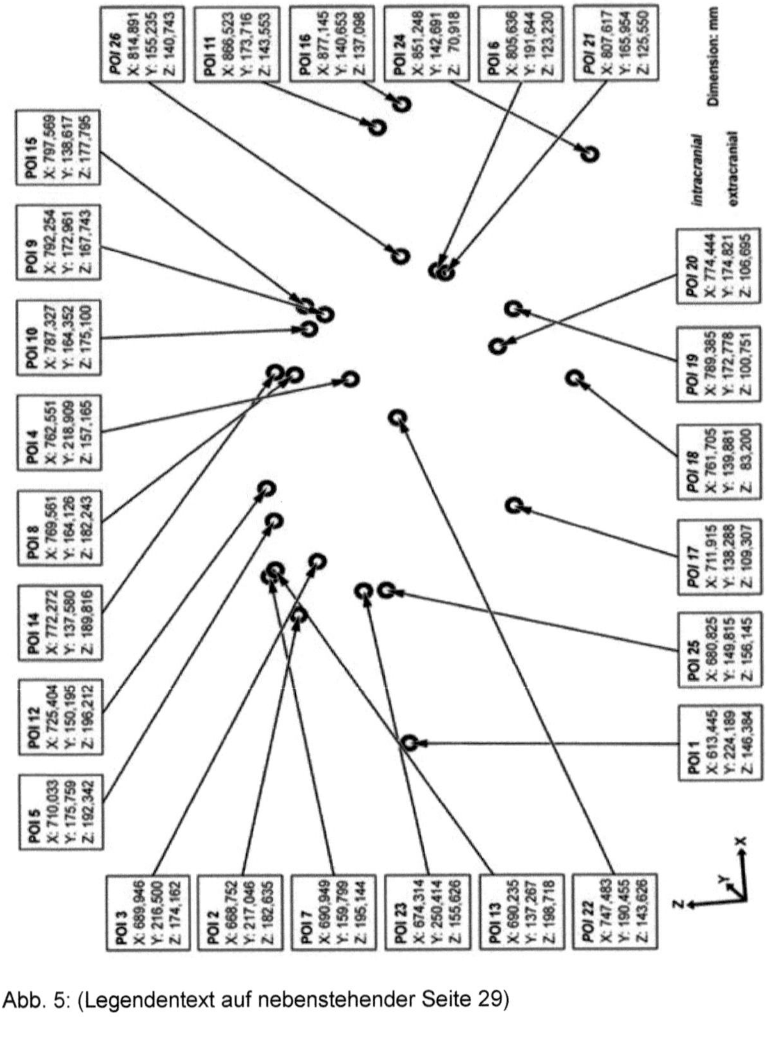

Abb. 5: (Legendentext auf nebenstehender Seite 29)

Abb. 5 (auf vorangehender Seite 28): Ausschnitt aus dem Ausgabedokument (read out) einer Messung mit dem Faro® Fusion Messarm: Darstellung der 3-D Koordinaten (X, Y und Z) der in dieser Messung angetasteten Points of Interest (POIs).

3.2.3 Durchführung der Messungen/Berechnungen mit dem Faro® Fusion Messarm

Da der Faro® Fusion Messarm mit einem virtuellen 3-D Koordinatensystem arbeitet, durfte für eine fehlerfreie Messung die Lage des Pferdeschädels während der Prozedur (Antastung und Berechnung) nicht verändert werden. Er wurde deshalb auf einer Styroporunterlage – Schädeldach (Bereich Os frontale und Os parietale) parallel zur Messtischkante – gelagert und mit Klebeband fixiert (Abb. 6). Anschließend wurde die Messeinrichtung kalibriert: Der Untersucher tastet auf dem Messtisch eine beliebige Fläche und zwei beliebige Linien an; daraus definiert das System das virtuelle Raumgitter (3-D Koordinatensystem). Diese Kalibrierung musste jedes Mal geschehen, wenn ein neues Objekt auf dem Messtisch platziert wurde.

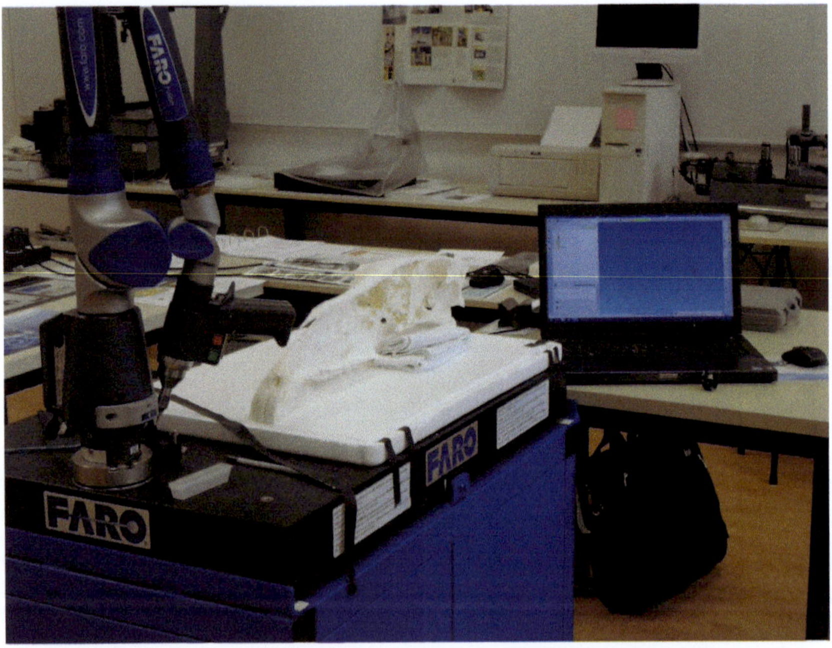

Abb. 6: Der Faro® Fusion Messarm im Labor der Abteilung Fertigungsmesstechnik, Hochschule Hannover, Fakultät II; ein halber Pferdeschädel ist auf dem Messtisch platziert (er wird während der Messung mit Klebebändern fixiert).

Nach der Kalibierung und vor der Antastung der Punkte am Schädel wurde ein Messprotokoll erstellt. In ihm wurde die Reihenfolge festgelegt, in der die Points of Interest angetastet (berührt) werden sollten; ebenso wurde in dem Messprotokoll festgelegt, zwischen welchen dieser Punkte die Strecken (Abstände) in welcher Reihenfolge berechnet werden sollten.

Die gesamte Prozedur vollzieht sich – zusammengefasst – in sieben Schritten:

1. Markiere Antastpunkte (Points of Interest, POIs) auf dem Schädel.
2. Platziere und fixiere den Schädel auf dem Messtisch.
3. Erstelle ein Messprotokoll, in dem die Reihenfolge der Antastung und die zu berechnenden Strecken festgelegt sind.
4. Kalibriere das Messsystem durch Antastung einer Fläche und zweier Strecken auf dem Messtisch.
5. Read-in data: Berühre die Antastpunkte und lese sie so in das Messprotokoll ein (Abb. 7).
6. Das System berechnet die Daten.
7. Read-out data: Das Programm erstellt ein Ausgabedokument der berechneten Daten.

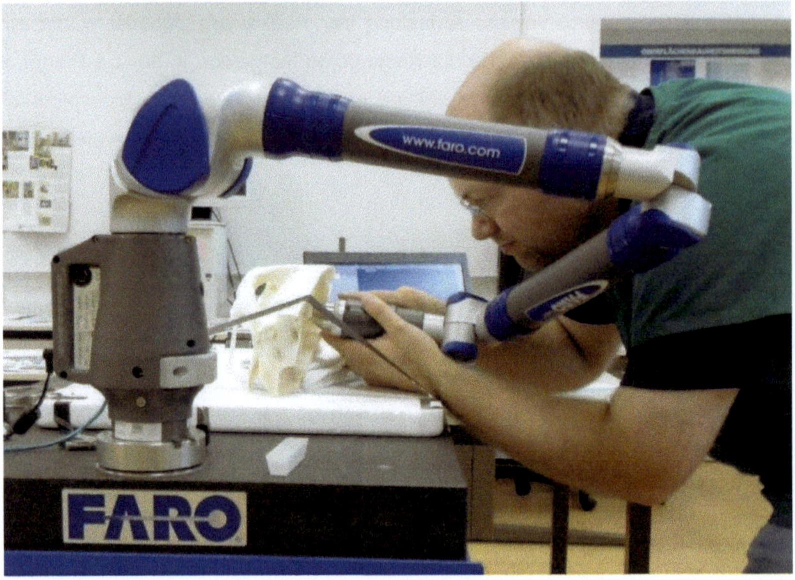

Abb. 7: Antastung der Points of Interest (POIs) an der Innenseite des Neurocraniums eines Pferdes.

Jedes Objekt (Schädelhälfte) wurde zwei Mal, und zwar im Abstand von 8 Wochen vermessen. Bei der zweiten, d.h. bei der Kontrollmessung, wurden alle POIs angetastet, allerdings lediglich 28 ausgewählte Strecken berechnet.

3.2.4 Ermittlung „indirekter“ Abstände

Wie bereits erwähnt (Kapitel 3.1.3 und 3.2.2) konnte die Software DELCAM Power-INSPECT des Faro® Fusion Messarms benutzt werden, um die direkten Abstände (Δdir) zwischen jeweils zwei POIs zu berechnen. Nicht möglich war aber mit dieser Software die Ermittlung sogenannter „indirekter“ Abstände:

Diese geben an, wie weit ein POI „vor“ oder „hinter“, „über“ oder „unter“ bzw. „neben“ einem anderen POI gelegen ist, d.h. wie weit POIs in einer der drei Raumrichtungen – in anderen Worten: auf der x-, y- oder z-Achse – voneinander entfernt sind (siehe Abb. 8).

Diese „indirekten“ Abstände wurden als Δlong (in der Längsrichtung, x-Achse), als Δtrans (in Querrichtung, y-Achse) bzw. Δvert (in vertikaler Richtung, z-Achse) berechnet. Dazu wurden die x-, y-, z-Koordinaten der POIs (jeweils angegeben im Ausgabedokument [read-out] von DELCAM PowerINSPECT – siehe Abb. 3) in die Software Microsoft Excel, Version 2010, eingepflegt. Die Berechnung erfolgte unter Verwendung von Vektoren (3.2.4.1).

Die *Bezeichnung* der indirekten Strecken nennt die beiden POIs und die Achse. Beachte: der *erstgenannte* POI liegt stets *rostral* vom zweitgenannten POI. Beispiel: 4x-16x, 4y-16y (Abb. 8), 18z-14z (Abb. 24)

3.2.4.1 Berechnung der indirekten Strecken (Δlong, Δtrans, Δvert) in Microsoft Excel 2010

Nachdem die x-, y-, z-Koordinaten der jeweiligen POIs in das Programm eingepflegt worden waren, wurde die Formel „ABS(x1-x2)“ eingegeben. Infolgedessen wurde bei der Berechnung der indirekten Abstände die *Verschiebung* auf der x-Achse (z.B. x-Wert von POI 1 minus x-Wert von POI 2) betrachtet.

Analog wurden die Abstände auf der y-Achse mit der Formel „ABS(y1-y2)“ und jene auf der z-Achse mit der Formel „ABS(z1-z2)“ berechnet (Abb. 9). Stets wurde die „ABS“ (Absolut)-Funktion verwendet, um sowohl bei einer rechten als auch bei einer linken Schädelhälfte positive Werte zu erhalten: Wenn diese Funktion nicht verwendet wurde, generierte die Software bei den rechten Schädelhälften – aufgrund der unterschiedlichen Lagerung auf dem Messtisch – negative Zahlenwerte.

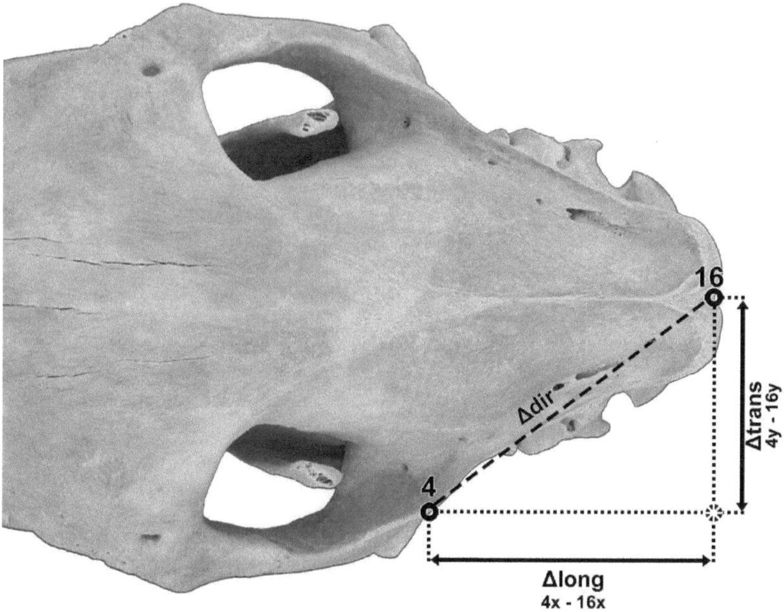

Abb. 8: Darstellung der so genannten *direkten* Abstände (Δdir) und *indirekten* Abstände (Δlong, Δtrans) am Beispiel der POIs 4 und 16. Der indirekte Abstand Δlong ist eine Strecke auf der x-Achse und wird (zwischen POIs 4 und 16) als 4x-16x bezeichnet; der indirekte Abstand Δtrans ist eine Strecke auf der y-Achse und wird (zwischen POIs 4 und 16) als 4y-16y bezeichnet. Der Dritte der indirekten Abstände (Δvert) liegt in der senkrechten z-Achse; er wird in dieser Dorsalansicht aus Gründen der Perspektive nicht dargestellt.

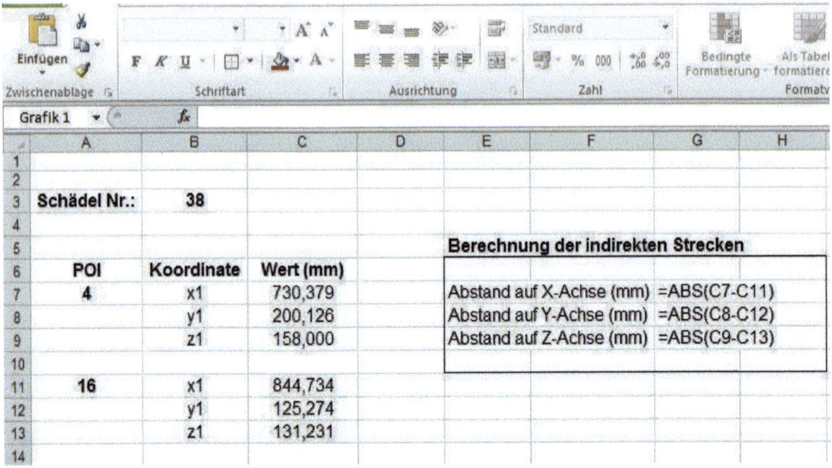

	A	B	C	D	E	F	G	H
1								
2								
3	Schädel Nr.:	38						
4								
5					Berechnung der indirekten Strecken			
6	POI	Koordinate	Wert (mm)					
7	4	x1	730,379		Abstand auf X-Achse (mm)	=ABS(C7-C11)		
8		y1	200,126		Abstand auf Y-Achse (mm)	=ABS(C8-C12)		
9		z1	158,000		Abstand auf Z-Achse (mm)	=ABS(C9-C13)		
10								
11	16	x1	844,734					
12		y1	125,274					
13		z1	131,231					
14								

Abb. 9: Abbildung eines Excel-Arbeitsblattes. Von POI 4 und POI 16 am Schädel Nr. 38 sind die x-, y-, z-Koordinatenwerte eingepflegt worden; dargestellt sind die drei Excel-Formeln zur Berechnung der indirekten Strecken (Δlong auf der x-Achse, Δtrans auf der y-Achse, Δvert auf der z-Achse).

3.2.4.2 Auswahl der POIs für die Ermittlung „indirekter“ Abstände

Aus der Gesamtzahl aller POIs wurden für die Ermittlung „indirekter“ Abstände jene POIs ausgewählt, die außen am Schädel gut *tastbar* waren; dazu gehörten die POIs 3, 4, 5, 16, 23. Sie dienten als *Ausgangspunkt* für die jeweiligen zu berechnenden Strecken.

3.2.5 Auswertung der Daten

3.2.5.1 Altersschätzung anhand der Zähne

Zur Ermittlung altersbedingter Veränderungen sollten die erhobenen Werte nach Altersgruppen sortiert und ausgewertet werden. Darum wurde – in Ermangelung von vorberichtlichen Altersangaben – die Schätzung des Alters vorgenommen; dies geschah anhand der Untersuchung des Gebisses/der Zähne, wie nachfolgend beschrieben. Dabei wurden die Angaben von HABERMEHL (1975) – wie sie auch BARTMANN et al. (2010) benutzten – zugrunde gelegt. Die ermittelten (geschätzten) Altersangaben sind in Tabelle 1 (Kapitel 3.1) bereits aufgelistet.

3.2.5.2 Einteilung in Altersgruppen

Das Untersuchungsgut wurde nach erfolgter Schätzung des Alters anhand folgender Kriterien in 3 Gruppen eingeteilt (Tab. 4):

- Die Altersgruppe 1 beinhaltete Schädel von Pferden, die jünger als 5 Jahre waren (Hauptkriterium: Wechsel des letzten Milchzahns).
- Die Altersgruppe 2 enthielt die Schädel von Pferden im Alter von fünf bis zwölf Jahren (Hauptkriterium: bis zum Verlust der Kunden).
- In der Altersgruppe 3 waren Schädel von Pferden enthalten, die älter als zwölf Jahre waren (Hauptkriterium: Kundenfreiheit).

Tab. 4: Übersicht über das Alter der Pferde (geschätzt anhand der Zähne, geordnet in 3 Altersgruppen: Gruppe 1, 2, 3).

Gruppe 1 (< 5 Jahre)	Anzahl	Gruppe 2 (5-12 Jahre)	Anzahl	Gruppe 3 (> 12 Jahre)	Anzahl
0,12 Jahr	2	6 Jahre	1	13 Jahre	2
1 Jahr	1	7 Jahre	1	13,5 Jahre	1
2,5 Jahre	1	7,5 Jahre	2	14 Jahre	5
3 Jahre	1	8 Jahre	2	16 Jahre	2
3,5 Jahre	1	9 Jahre	4	16,5 Jahre	2
4 Jahre	1	10 Jahre	1	18 Jahre	1
		11 Jahre	2	19 Jahre	1
				23 Jahre	2
Gesamt	7	Gesamt	13	Gesamt	16

3.2.5.3 Statistik

Die statistische Analyse diente der Detektion von signifikanten Längenunterschieden aller Strecken (n = 122) zwischen den drei Altersgruppen.

Hierfür erfolgte zunächst die Prüfung der Normalverteilung der Modellresiduen aller Stichproben anhand des Kolmogorov-Smirnov-Tests und der visuellen Beurteilung der Q-Q-Plots (eine Stichprobe entsprach allen Messwerten einer Strecken und einer Altersgruppe). Da allen Stichproben eine Normalverteilung zugrunde lag, wurden für alle Analysen parametrische Verfahren angewendet. Im nächsten Schritt diente ein „Globaltest“ (einfaktorielle Varianzanalyse, ANOVA) der Prüfung auf signifikante Unterschiede in jeder Stecke zwischen allen drei Altersgruppen (AG1-AG2-AG3). Bei den Strecken, für die dieser Globaltest das Vorliegen von signifikanten Unterschieden zwischen den drei Altersgruppen (allgemein) bestätigte, wurden nachfolgend die genauen Lokalisationen dieser Signifikanzen überprüft. Hierfür wurden mit Hilfe des Tukey-Kramer Post-Hoc Tests paarweise Vergleiche zwischen den Altersgruppen (AG1-AG2, AG1-AG3, und AG2-AG3) vorgenommen. Dieser Test beinhaltet eine alpha-Adjustierung zur Berücksichtigung der versuchsbezogenen Irrtumswahrscheinlichkeit.

P-Werte von $p \leq 0{,}05$ wurden als statistisch signifikant gewertet. Sämtliche Auswertungen erfolgten mit Hilfe des statistischen Software-Pakets SAS (Version 9.3, SAS Institute, Cary, NC, USA).

Beachte:
Genau genommen werden die Abstände der Punkte (die Strecken) vom System *berechnet* und nicht – wie mit Zirkel und Lineal – vom Untersucher unmittelbar „gemessen“. Ungeachtet dessen soll dennoch – zur sprachlichen Vereinfachung – im Folgenden die Rede von „Messungen“, „Messstrecken“, „Messgenauigkeit“ etc. sein.

4 Ergebnisse

4.1 Messgenauigkeit und Kontrolle des Messsystems

Bei den Mehrfachmessungen (3 mal) mit dem analogen Messgerät (Messschieber) unterschieden sich die Werte (± Standardabweichung) derselben gemessenen Strecken um durchschnittlich 0,363 ± 0,278 mm. *

Bei den Mehrfachmessungen (ebenfalls 3 mal) derselben Strecken mit dem Faro® Fusion Messarm betrug die Abweichung zwischen diesen Werten durchschnittlich 0,253 ± 0,197 mm. *

Die 8 Wochen später nochmals mit dem Faro® Fusion Messarm ermittelten Werte derselben Strecken wichen von den vormals mit dem Faro® Fusion Messarm berechneten Werten lediglich um 0,238 ± 0,168 mm * ab.

Zusätzlich wurde eine durchschnittliche Standardabweichung (Mittelwert aller vorher aus den Messergebnissen der Faro® Fusion Messarm Prozedur berechneten Standardabweichungen) ermittelt; sie betrug 0,168 ± 0,265.

---

* Mit dem Messschieber konnten von den 28 vorgesehenen Strecken 9 vermessen werden, da nicht alle diesbezüglich relevanten POI-Paare mit dem Messschieber erreichbar waren. Analog wurden aus der Gesamtheit aller mit dem Faro® Fusion Messarm ermittelten 28 Strecken ebenfalls nur jene 9 Strecken zu Vergleichszwecken herangezogen.

4.2 Auswertung der berechneten Strecken („Messstrecken“)

Die Auswertung der Messstrecken wurde nach zwei *Kategorien*, und zwar den sogenannten *direkten* und *indirekten* Strecken, getrennt vorgenommen; diese werden in zwei separaten Kapiteln dargestellt (siehe 4.2.1 und 4.2.2).

4.2.1 Direkte Strecken (Δdir)

Fast alle direkten Strecken (siehe 3.1.3) nahmen von Altersgruppe zu Altersgruppe an Länge zu (Tab. 5). Ausnahmen betrafen vereinzelt Strecken zwischen zwei POIs auf der Außenseite des Schädels (Δdir 2-23, Δdir 3-5, Δdir 3-7, Δdir 5-8 und Δdir 9-10) und eine Strecke auf der Innenseite des Schädels (Δdir 17-20).

Tab. 5: Direkte Strecken (Δdir) zwischen zwei POIs am Pferdeschädel, ermittelt mit dem Faro® Fusion Messarm, geordnet in Altersgruppen. Die Messwerte der beiden 0,12 Jahre alten Schädel sind zu Vergleichszwecken separat aufgelistet, gehen aber in der weiteren statistischen Auswertung in die Altersgruppe AG1 ein.

Strecke POI-POI	AG i (0,12 J.) M (X ± S mm) n = 2	AG 1* (< 5 J.) M (X ± S mm) n = 7	AG 2 (5-12 J.) M (X ± S mm) n = 13	AG 3 (>12 J.) M (X ± S mm) n = 16
0-2	291 ± 4	353 ± 47	392 ± 40	406 ± 27
0-16	431 ± 20	513 ± 63	558 ± 54	581 ± 32
1-2	51 ± 0	59 ± 7	65 ± 7	66 ± 5
1-3	61 ± 2	71 ± 8	77 ± 8	79 ± 5
2-3	18 ± 4	19 ± 3	21 ± 4	21 ± 2
2-5	31 ± 3	43 ± 10	47 ± 9	49 ± 7
2-13	65 ± 10	76 ± 10	81 ± 9	83 ± 7

POI = Antastpunkt (Point of Interest)
AG = Altersgruppe (J. = Jahre)
M = Mittelwert
S = Standardabweichung
* in der Gruppe sind auch die 0,12 Jahre alten Pferdeschädel enthalten

Tab. 5 (Fortsetzung)

Strecke POI-POI	AG i (0,12 J.) M (X ± S mm) n = 2	AG 1* (< 5 J.) M (X ± S mm) n = 7	AG 2 (5-12 J.) M (X ± S mm) n = 13	AG 3 (>12 J.) M (X ± S mm) n = 16
2-17	85 ± 5	100 ± 12	107 ± 11	111 ± 6
2-23	28 ± 1	34 ± 6	40 ± 4	38 ± 4
3-4	54 ± 4	67 ± 9	71 ± 8	71 ± 5
3-5	26 ± 4	35 ± 7	43 ± 9	42 ± 5
3-7	32 ± 8	42 ± 9	50 ± 11	49 ± 7
3-11	139 ± 10	161 ± 18	171 ± 12	175 ± 7
3-13	67 ± 14	75 ± 8	83 ± 10	84 ± 6
3-17	74 ± 3	87 ± 10	98 ± 10	101 ± 5
4-8	40 ± 3	48 ± 7	51 ± 7	51 ± 5
4-14	75 ± 10	80 ± 6	84 ± 7	86 ± 4
4-26	72 ± 7	74 ± 5	77 ± 6	80 ± 6
5-8	49 ± 1	58 ± 7	61 ± 9	60 ± 4
5-22	53 ± 2	60 ± 6	63 ± 7	63 ± 4
7-8	57 ± 2	69 ± 9	72 ± 9	73 ± 5
7-11	141 ± 15	159 ± 16	167 ± 11	171 ± 7
9-10	2 ± 0	6 ± 4	5 ± 5	5 ± 4
12-18	93 ± 6	99 ± 6	104 ± 8	108 ± 6
13-14	58 ± 5	70 ± 9	73 ± 9	75 ± 6
13-16	147 ± 21	165 ± 17	171 ± 13	178 ± 9
13-17	76 ± 13	82 ± 8	83 ± 8	86 ± 5
13-18	107 ± 9	116 ± 9	121 ± 10	124 ± 7
13-19	116 ± 12	128 ± 12	131 ± 11	134 ± 6
13-21	109 ± 10	119 ± 10	123 ± 9	126 ± 6
13-22	80 ± 8	88 ± 8	91 ± 8	94 ± 4
13-26	110 ± 9	120 ± 9	123 ± 9	125 ± 5
17-4	79 ± 4	92 ± 11	98 ± 8	101 ± 4
17-6	86 ± 5	99 ± 11	102 ± 8	104 ± 4
17-8	74 ± 5	82 ± 8	85 ± 7	88 ± 5
17-10	85 ± 6	94 ± 9	96 ± 7	99 ± 5
17-11	124 ± 11	139 ± 16	146 ± 11	150 ± 7
17-12	73 ± 9	79 ± 7	80 ± 6	83 ± 5

POI = Antastpunkt (Point of Interest)
AG = Altersgruppe (J. = Jahre)
M = Mittelwert
S = Standardabweichung
* in der Gruppe sind auch die 0,12 Jahre alten Pferdeschädel enthalten

Tab. 5 (Fortsetzung)

Strecke POI-POI	AG i (0,12 J.) M (X ± S mm) n = 2	AG 1* (< 5 J.) M (X ± S mm) n = 7	AG 2 (5-12 J.) M (X ± S mm) n = 13	AG 3 (>12 J.) M (X ± S mm) n = 16
17-18	43 ± 4	46 ± 5	49 ± 4	49 ± 3
17-20	58 ± 1	64 ± 8	62 ± 5	62 ± 7
17-22	59 ± 6	64 ± 6	65 ± 4	69 ± 3
18-4	79 ± 2	89 ± 9	98 ± 9	102 ± 5
18-8	78 ± 3	84 ± 6	89 ± 6	92 ± 5
18-10	75 ± 4	80 ± 5	84 ± 6	88 ± 4
18-11	95 ± 10	107 ± 12	115 ± 9	117 ± 6
22-4	24 ± 2	29 ± 5	34 ± 5	37 ± 4
22-20	38 ± 3	41 ± 4	43 ± 4	44 ± 4
22-21	42 ± 1	50 ± 6	55 ± 5	55 ± 5
22-26	62 ± 2	66 ± 4	70 ± 6	70 ± 4
23-4	66 ± 2	79 ± 11	89 ± 10	89 ± 7
23-16	169 ± 16	191 ± 22	208 ± 17	214 ± 9
23-24	166 ± 11	187 ± 20	205 ± 17	213 ± 8
23-25	68 ± 4	82 ± 11	94 ± 9	95 ± 6
25-3	50 ± 7	61 ± 8	68 ± 8	69 ± 5
25-4	86 ± 6	96 ± 8	99 ± 7	102 ± 4
25-5	42 ± 7	49 ± 6	50 ± 5	52 ± 6
25-13	38 ± 9	44 ± 6	45 ± 6	45 ± 7
25-22	71 ± 6	73 ± 4	73 ± 6	77 ± 4
25-26	116 ± 8	119 ± 6	121 ± 7	124 ± 6

POI = Antastpunkt (Point of Interest)
AG = Altersgruppe (J. = Jahre)
M = Mittelwert
S = Standardabweichung
* in der Gruppe sind auch die 0,12 Jahre alten Pferdeschädel enthalten

4.2.1.1 Direkte Strecken außen am Pferdeschädel

Die Mehrzahl der direkten Strecken Δdir zwischen zwei POIs, die sich auf der Außenseite des Pferdeschädels befanden, nahm mit dem Alter (betrachtet in den drei Altersgruppen) an Länge zu (Tab. 6). Bei den Strecken Δdir 2-23, 3-5, 3-7, 5-8 und 9-10 (Abb. 10) dagegen lag eine solche, von Altersgruppe zu Altersgruppe kontinuierliche Zunahme nicht vor: Die Werte waren entweder in Gruppe 3 größer als in Gruppe 1 (aber kleiner als in Gruppe 2) oder in Gruppe 1 und in Gruppe 3 gleich groß, aber in diesen beiden Gruppen jeweils kleiner als in Gruppe 2 (Tab. 6). Es handelte sich überwiegend um Strecken, bei denen die POIs keine tastbaren, sondern abgeleitete Strecken waren (siehe 3.1.2).

Tab. 6: Direkte Strecken (Δdir) zwischen POIs außen am Pferdeschädel, ermittelt mit dem Faro® Fusion Messarm, geordnet in drei Altersgruppen.

Strecke POI-POI	AG 1 (< 5 Jahre) M (X ± S mm) n = 7	AG 2 (5-12 Jahre) M (X ± S mm) n = 13	AG 3 (>12 Jahre) M (X ± S mm) n = 16
0-2	353 ± 47	392 ± 40	406 ± 27
0-16	513 ± 63	558 ± 54	581 ± 32
1-2	59 ± 7	65 ± 7	66 ± 5
1-3	71 ± 8	77 ± 8	79 ± 5
2-3	19 ± 3	21 ± 4	21 ± 2
2-5	43 ± 10	47 ± 9	49 ± 7
2-13	76 ± 10	81 ± 9	83 ± 7
2-23	34 ± 6	40 ± 4	38 ± 4
3-4	67 ± 9	71 ± 8	71 ± 5
3-5	35 ± 7	43 ± 9	42 ± 5
3-7	42 ± 9	50 ± 11	49 ± 7
3-11	161 ± 18	171 ± 12	175 ± 7
3-13	75 ± 8	83 ± 10	84 ± 6
4-8	48 ± 7	51 ± 7	51 ± 5
4-14	80 ± 6	84 ± 7	86 ± 4
5-8	58 ± 7	61 ± 9	60 ± 4
7-8	69 ± 9	72 ± 9	73 ± 5
7-11	159 ± 16	167 ± 11	171 ± 7
9-10	6 ± 4	5 ± 5	5 ± 4
13-14	70 ± 9	73 ± 9	75 ± 6
13-16	165 ± 17	171 ± 13	178 ± 9
23-4	79 ± 11	89 ± 10	89 ± 7
23-16	191 ± 22	208 ± 17	214 ± 9
23-24	187 ± 20	205 ± 17	213 ± 8
	Ø S = 13,9 ± 13,9	Ø S = 12,5 ± 11,3	Ø S = 7,7 ± 6,9

POI = Antastpunkt (Point of Interest)
AG = Altersgruppe
M = Mittelwert
S = Standardabweichung
Ø S=Durchschnittliche Standardabweichung

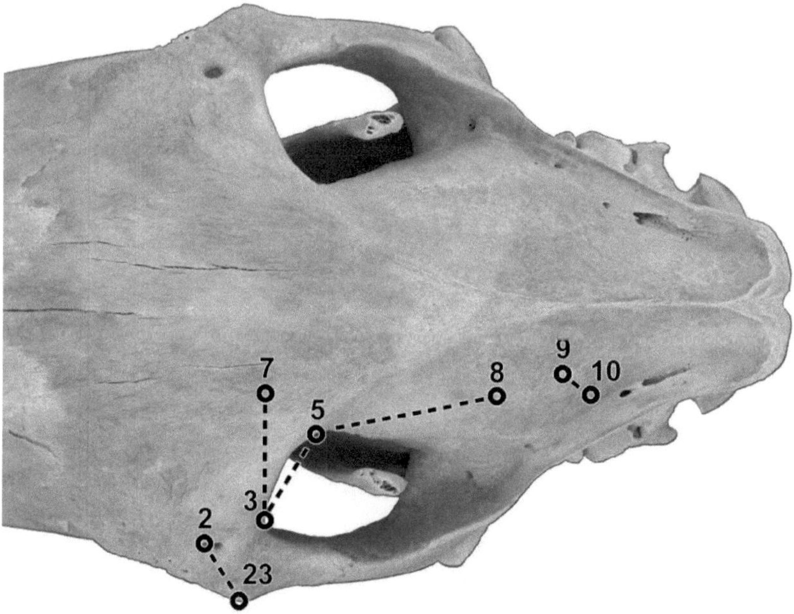

Abb. 10: Direkte Strecken (Δdir) außen am Pferdeschädel, die mit dem Alter nicht kontinuierlich an Länge zunahmen.

Die individuellen Abweichungen von den Mittelwerten, d.h. die Standardabweichungen bestimmter Strecken, wurden – im Altersgruppenvergleich – kontinuierlich geringer (Tab. 6). Bei sieben Strecken (Abb. 11, Strecken Δdir 2-3, 3-13, 3-5, 3-7, 4-14, 5-8, 9-10) war dies nicht der Fall: bei den meisten von ihnen nahm die Streuung in der Gruppe der erwachsenen Pferde (Gruppe 2) zunächst zu, bevor sie dann in der Gruppe der alten Pferde (Gruppe 3) geringer wurde.

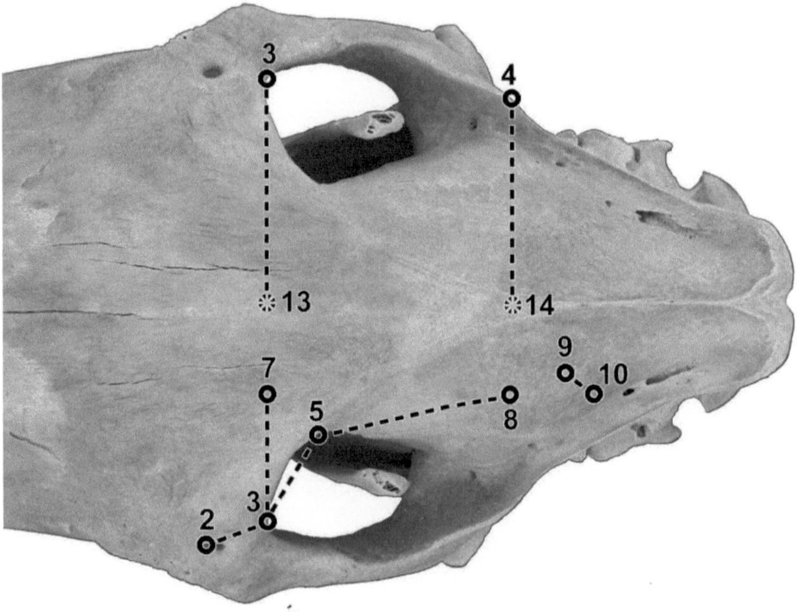

Abb. 11: Direkte Strecken (Δdir) außen am Pferdeschädel, bei denen die Standardabweichungen (S) mit steigendem Alter *nicht kontinuierlich geringer* wurden.

Die meisten der ermittelten Längenunterschiede der Strecken (Tab. 6) waren statistisch *nicht signifikant* (p > 0,05; einfaktorielle Varianzanalyse mit anschließendem Tukey-Kramer post-hoc Test *). Signifikante Unterschiede (p ≤ 0,05) der Längenwerte wurden aber bei den Strecken Δdir 0-2, 0-16, 23-16 und 23-24 ermittelt (Tab. 7). Die im Globaltest (siehe 3.2.5.3) ermittelten Signifikanzen waren nur in dem paarweisen Vergleich der „jungen" und der „alten" Pferdeschädel (AG1-AG3) lokalisiert (Tab. 7). Ihnen zugehörige Punkte (Abb. 12) lagen entweder am Angesichtsschädel (POI 0: Margo alveolaris des Os incisivum) oder caudal am Os occipitale (POI 16: Crista nuchae, d. h. der am weitesten caudal und zugleich am weitesten medial gelegene Punkt des Schädels; POI 24: der dorsale Rand des Foramen magnum in der Medianen).

Tab. 7: Übersicht über jene direkten Strecken (Δdir) außen am Schädel, bei denen im Globaltest und in mindestens einem paarweisen Altersgruppenvergleich *signifikante* Längenunterschiede vorlagen (Signifikanzen grau unterlegt).

Strecke POI-POI	p (AG1-AG2-AG3)	p (AG1-AG2)	p (AG2-AG3)	p (AG1-AG3)
0-2	0,0188	0,0903	0,6311	0,0142
0-16	0,0295	0,1779	0,5014	0,0224
23-16	0,0221	0,1055	0,5964	0,0166
23-24	0,0109	0,0710	0,4987	0,0079
POI = Antastpunkt (Point of Interest) p (AG1-AG2-AG3) = Signifikanzwert "Globaltest" p (AGX-AGX) = Signifikanzwert der paarweisen Vergleiche der jeweiligen Altersgruppen 1, 2 und 3				

* Software: SAS Version 9.3

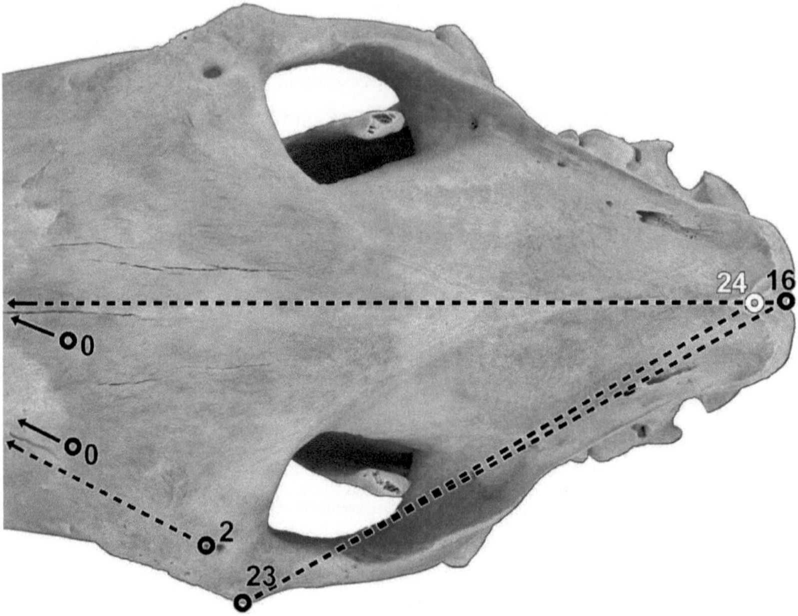

Abb. 12: POIs außen am Pferdeschädel, zwischen denen jene direkten Strecken (Δdir) lagen, die in Altersgruppe 3 („alt") signifikant größer waren als in der Altersgruppe 1 („jung"). POI 24 lag am Dorsalrand des Foramen magnum (vergleiche Abb. 2), und ist in dieser Ansicht durch die Crista nuchae verdeckt; darum wird er weiß dargestellt.

Beachte: Die Linie in der Medianen stellt Δdir 0-16 dar (nicht Δdir 0-24)

4.2.1.2 Direkte Strecken zwischen POIs außen und POIs innen am Pferdeschädel

Alle direkten Strecken (Δdir) zwischen den POIs außen und den POIs innen am Schädel nahmen kontinuierlich von Altersgruppe zu Altersgruppe an Länge zu (Tab. 8).

Tab. 8: Direkte Strecken (Δdir) zwischen POIs außen und POIs innen am Pferdeschädel, ermittelt mit dem Faro® Fusion Messarm, geordnet in drei Altersgruppen.

Strecke POI-POI	AG 1 (< 5 Jahre) M (X ± S mm) n = 7	AG 2 (5-12 Jahre) M (X ± S mm) n = 13	AG 3 (>12 Jahre) M (X ± S mm) n = 16
2-17	100 ± 12	107 ± 11	111 ± 6
3-17	87 ± 10	98 ± 10	101 ± 5
4-26	74 ± 5	77 ± 6	80 ± 6
5-22	60 ± 6	63 ± 7	63 ± 4
12-18	99 ± 6	104 ± 8	108 ± 6
13-17	82 ± 8	83 ± 8	86 ± 5
13-18	116 ± 9	121 ± 10	124 ± 7
13-19	128 ± 12	131 ± 11	134 ± 6
13-21	119 ± 10	123 ± 9	126 ± 6
13-22	88 ± 8	91 ± 8	94 ± 4
13-26	120 ± 9	123 ± 9	125 ± 5
17-4	92 ± 11	98 ± 8	101 ± 4
17-6	99 ± 11	102 ± 8	104 ± 4
17-8	82 ± 8	85 ± 7	88 ± 5
17-10	94 ± 9	96 ± 7	99 ± 5
17-11	139 ± 16	146 ± 11	150 ± 7
17-12	79 ± 7	80 ± 6	83 ± 5
18-4	89 ± 9	98 ± 9	102 ± 5
18-8	84 ± 6	89 ± 6	92 ± 5
18-10	80 ± 5	84 ± 6	88 ± 4
18-11	107 ± 12	115 ± 9	117 ± 6
22-4	29 ± 5	34 ± 5	37 ± 4
23-25	82 ± 11	94 ± 9	95 ± 6
25-3	61 ± 8	68 ± 8	69 ± 5
25-4	96 ± 8	99 ± 7	102 ± 4
25-5	49 ± 6	50 ± 5	52 ± 6
25-13	44 ± 6	45 ± 6	45 ± 7
	Ø S = 8,5 ± 2,7	Ø S = 7,9 ± 1,7	Ø S = 5,3 ± 0,9

POI = Antastpunkt (Point of Interest)
AG = Altersgruppe
M = Mittelwert
S = Standardabweichung
Ø S = Durchschnittliche Standardabweichung

Bei den meisten dieser Strecken nahmen – analog zu den Strecken zwischen POIs außen am Schädel (4.2.1.1) – die individuellen Abweichungen von den Mittelwerten, d.h. die Standardabweichungen, kontinuierlich ab (Tab. 8). Lediglich bei zwei Strecken (Abb. 13, Strecken Δdir 4-26, 25-13) war dies nicht der Fall: bei diesen beiden nahm die Standardabweichung zu (Tab. 8).

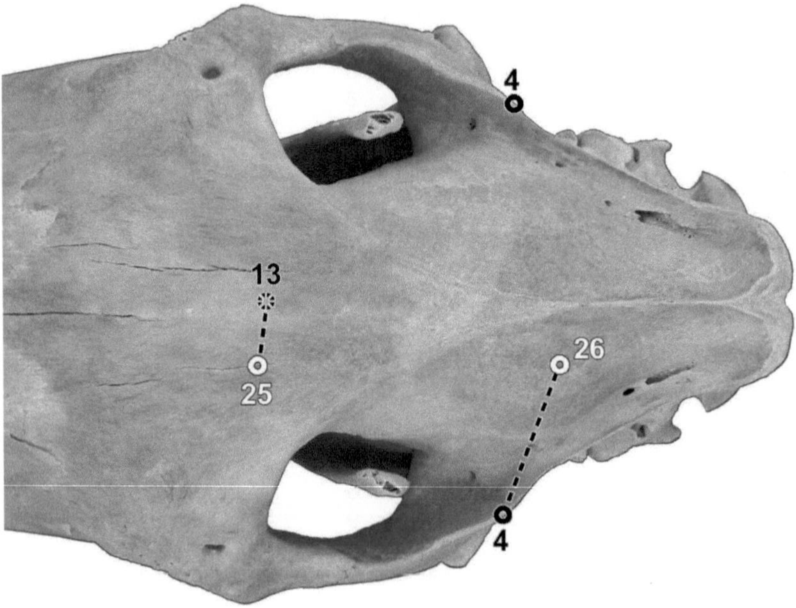

Abb. 13: Direkte Strecken (Δdir) zwischen POIs außen (schwarz) und POIs innen (weiß), bei denen die Standardabweichung mit zunehmendem Alter *nicht kontinuierlich geringer* wurde, sondern zunahm.

Die meisten der ermittelten Längenunterschiede der Strecken waren statistisch *nicht signifikant*; signifikante Unterschiede der Längenwerte bestanden jedoch bei den Strecken Δdir 12-18, 17-4, 18-4, 18-8, 18-10 und 25-3 (Tab. 9). Diese Signifikanzen waren nur in dem paarweisen Vergleich der „jungen" und der „alten" Pferdeschädel (AG1-AG3) lokalisiert (Tab. 9). Ihnen zugehörige Punkte (Abb. 14) lagen entweder am Processus zygomaticus des Os temporale (POI 3: der rostralste Punkt der Linea temporalis; POI 4: der höchste und zugleich am weitesten caudal gelegene Punkt des Processus zygomaticus des Os temporale) oder an der Pars basilaris des Os occipitale (POI 18: median auf der Crista sphenooccipitalis).

Tab. 9: Übersicht über jene direkten Strecken (Δdir) zwischen POIs außen und innen am Pferdeschädel, bei denen im Globaltest und in mindestens einem paarweisen Altersgruppenvergleich *signifikante* Unterschiede vorlagen (Signifikanzen grau unterlegt).

Strecke POI-POI	p (AG1-AG2-AG3)	p (AG1-AG2)	p (AG2-AG3)	p (AG1-AG3)
12-18	0,0222	0,2678	0,2755	0,0179
17-4	0,0431	0,2382	0,5166	0,0335
18-4	0,0043	0,0675	0,2968	0,0029
18-8	0,0232	0,2297	0,3300	0,0180
18-10	0,0123	0,3977	0,1076	0,0122
25-3	0,0299	0,0896	0,8125	0,0246

POI = Antastpunkt (Point of Interest)
p (AG1-AG2-AG3) = Signifikanzwert "Globaltest"
p (AGX-AGX) = Signifikanzwert der paarweisen Vergleiche der jeweiligen Altersgruppen 1, 2 und 3

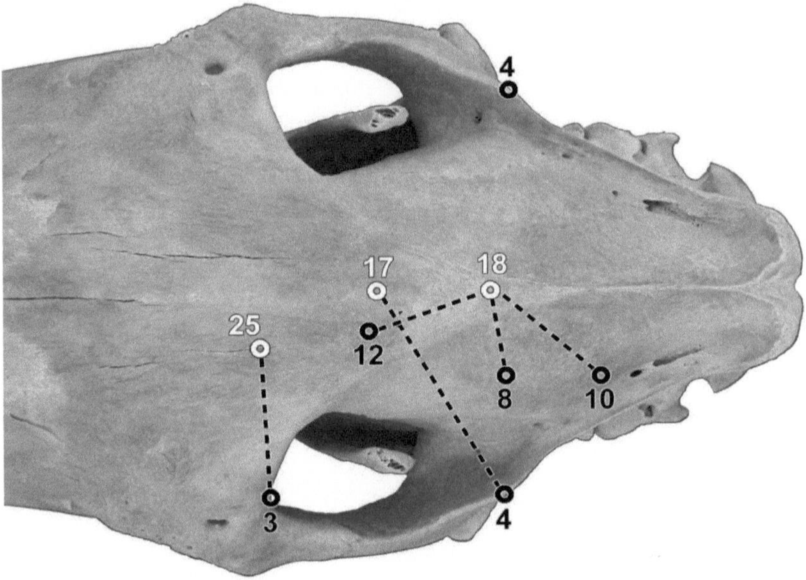

Abb. 14: POIs außen (schwarz) und innen (weiß) am Pferdeschädel, zwischen denen jene direkten Strecken (Δdir) lagen, die in Altersgruppe 3 („alt") signifikant größer waren als in Altersgruppe 1 („jung"). Die POIs 17, 18 und 25 lagen innerhalb des Craniums (vergleiche Abb. 2) und werden in dieser Ansicht vom Os frontale und vom Os parietale verdeckt; darum werden sie weiß dargestellt.

4.2.1.3 Direkte Strecken innen am Pferdeschädel

Die meisten der direkten Strecken (Δdir) zwischen zwei POIs, die sich auf der Innenseite des Pferdeschädels befanden, wurden mit zunehmendem Alter von Altersgruppe zu Altersgruppe kontinuierlich länger (Tab. 10). Die einzige Ausnahme bildete die Strecke Δdir 17-20: hier lag eine solche Kontinuität nicht vor; in Altersgruppe 2 war der Wert geringgradig kleiner (62 mm gegenüber vorher 64 mm) und blieb in Altersgruppe 3 gleich (Tab. 10).

Tab. 10: Direkte Abstände (Δdir) zwischen POIs innen am Pferdeschädel, ermittelt mit dem Faro® Fusion Messarm, geordnet in drei Altersgruppen.

Strecke POI-POI	AG 1 (< 5 Jahre) M (X ± S mm) n = 7	AG 2 (5-12 Jahre) M (X ± S mm) n = 13	AG 3 (>12 Jahre) M (X ± S mm) n = 16
17-18	46 ± 5	49 ± 4	49 ± 3
17-20	64 ± 8	62 ± 5	62 ± 7
17-22	64 ± 6	65 ± 4	69 ± 3
22-20	41 ± 4	43 ± 4	44 ± 4
22-21	50 ± 6	55 ± 5	55 ± 5
22-26	66 ± 4	70 ± 6	70 ± 4
25-22	73 ± 4	73 ± 6	77 ± 4
25-26	119 ± 6	121 ± 7	124 ± 6
	Ø S = 5,3 ± 1,4	Ø S = 5,3 ± 1,1	Ø S = 4,5 ± 1,4

POI = Antastpunkt (Point of Interest)
AG = Altersgruppe
M = Mittelwert
S = Standardabweichung
Ø S = Durchschnittliche Standardabweichung

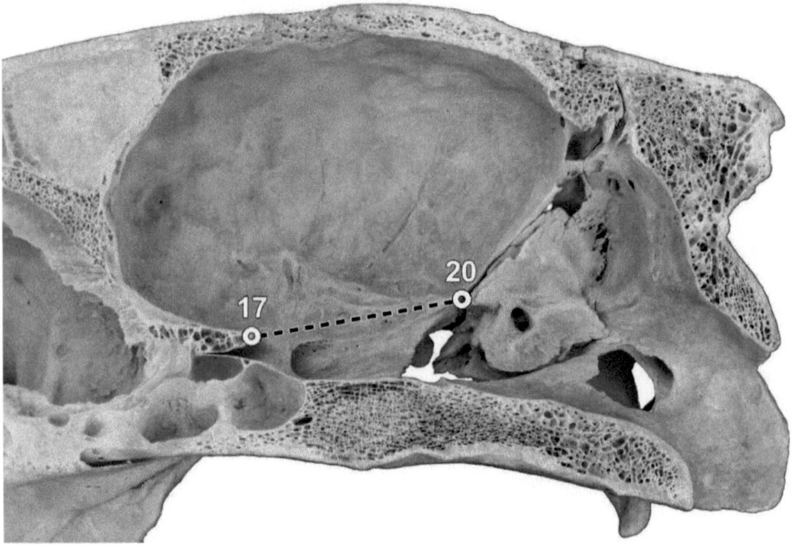

Abb. 15: Direkte Strecke 17-20 innen am Pferdeschädel, die mit dem Alter *nicht kontinuierlich* an Länge *zunahm*.

Bei der Hälfte der acht betrachteten Strecken (Δdir 17-18, 17-20, 17-22, 22-21) wurden die individuellen Abweichungen von den Mittelwerten, d.h. die Standardabweichungen – im Altersgruppenvergleich – kontinuierlich geringer (Tab. 10). Bei weiteren drei Strecken (Abb. 16, Strecken Δdir 22-26, 25-26, 25-22) war dies nicht der Fall: hier nahm die Streuung in der Gruppe der „erwachsenen" Pferde (Gruppe 2) zunächst zu, bevor sie dann in der Gruppe der „alten" Pferde (Gruppe 3) wieder geringer wurde. Nur bei der Strecke Δdir 22-20 blieb die Standardabweichung in allen drei Altersgruppen gleich groß (d.h. ± 4 mm bei Mittelwerten von 41 mm, 43 mm bzw. 44 mm in den jeweiligen Altersgruppen).

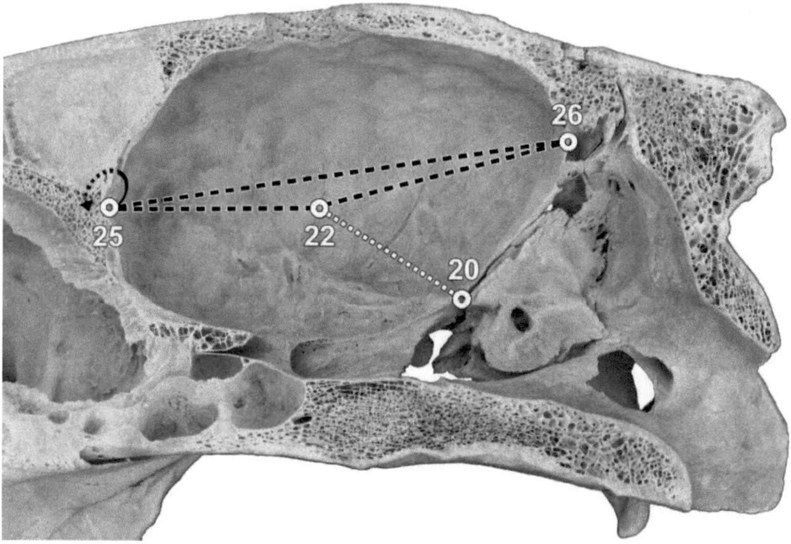

Abb. 16: Direkte Strecken (Δdir) innen am Pferdeschädel, bei denen die Standardabweichungen mit steigendem Alter *nicht kontinuierlich geringer* wurden. Die Strecke zwischen POI 20 (dem Kontaktpunkt am weitesten rostroventral zwischen Pars petrosa und Pars squamosa des Os temporale) und POI 22 (dem am weitesten lateral gelegene Punkt des Cavum cranii auf der Facies cerebralis der Pars squamosa des Os temporale), die eine gleichbleibende Standardabweichung aufwies, ist als weiß gepünktelte Linie dargestellt.

Im Altersgruppenvergleich wurden die Längenunterschiede zwischen den drei Altersgruppen – bis auf eine Ausnahme (Δdir 17-22) – als *nicht signifikant* eingeschätzt. Bei Strecke Δdir 17-22 lag eine Signifikanz aber nur im Globaltest vor (Tab. 11); mit Hilfe des nachfolgenden Tukey-Kramer post-hoc Tests konnte die Lokalisation dieser Signifikanz im paarweisen Altersgruppenvergleich jedoch nicht näher bestimmt werden. *

Tab. 11: Übersicht über jene direkten Strecken (Δdir) innen am Schädel, bei denen im Globaltest *signifikante* Unterschiede vorlagen.

Strecke POI-POI	p (AG1-AG2-AG3)	p (AG1-AG2)	p (AG2-AG3)	p (AG1-AG3)
17-22	0,0491	0,8885	0,1136	0,0815

POI = Antastpunkt (Point of Interest)
p (AG1-AG2-AG3) = Signifikanzwert "Globaltest"
p (AGX-AGX) = Signifikanzwert der paarweisen Vergleiche der jeweiligen Altersgruppen 1, 2 und 3

* Darum wurde die Strecke Δdir 17-22 genauso bewertet wie alle anderen vorher genannten Strecken, bei denen – wie beschrieben – die Längenunterschiede als nicht signifikant bewertet worden waren.

4.2.1.4 Zusammenfassende Betrachtung der direkten Strecken

Die meisten der direkten Strecken (Δdir) zwischen zwei POIs (außen wie innen) nahmen kontinuierlich, d.h. von Altersgruppe zu Altersgruppe, an Länge zu (Tab. 6, 8, 10).

Die größten Längenzunahmen fanden sich bei Stecken außen am Schädel.

Δdir 17-18 (rostrale und caudale Begrenzung der Fossa cranii media) veränderte sich allenfalls geringfügig. Gleiches galt für Δdir 2-3, Δdir 9-10, Δdir 25-5, Δdir 3-17, Δdir 25-13, Δdir 22-20. Δdir 17-20 nahm nicht zu.

Die Standardabweichungen von den Mittelwerten der Streckenmaße in den drei Altersgruppen nahmen kontinuierlich ab (Tab. 6, 8, 10).

Dabei lagen die geringsten Standardabweichungen stets bei den Strecken innerhalb der Schädelhöhle (POI innen – POI innen) vor.

Direkte Strecken (Δdir), deren Längen im Altersgruppenvergleich *signifikant* unterschiedlich waren:

außen-außen	außen-innen	innen-innen
0-2	12-18	17-22 *
0-16	17-4	
23-16	18-4	
23-24	18-8	
	18-10	
	25-3	

* Signifikante Längenunterschiede nur im Globaltest

4.2.2 Indirekte Strecken (Δlong, Δtrans, Δvert)

Fast alle indirekten Strecken Δlong, Δtrans, Δvert, (Kapitel 3.2.4.2, Abb. 8), die von den ausgewählten *tastbaren* POIs (Abb. 17 und Abb. 18) ausgingen, nahmen von Altersgruppe zu Altersgruppe an Länge zu (Tab. 12). Ausnahmen betrafen nur wenige einzelne Strecken aus der Gruppe der Δlong (auf der x-Achse) bzw. der Δtrans (auf der y-Achse): sie veränderten sich nicht (Δlong 3x-13x) oder nahmen sehr geringfügig (Δlong 5x-22x, 17x-4x, 23x-25x) oder geringfügig (Δlong 3x-17x, 4x-14x, 5x-4x, 18x-4x, 25x-3x, 25x-4x, Δtrans, 20y-16y) zu. Eine gegensätzliche Situation lag allerdings bei Δlong 4x-20x vor: die Werte nahmen ab (Tab. 12), wobei insbesondere der relativ hohe Wert der beiden ganz jungen Schädel (AG i = 0,12 Jahre) auffiel.

Hier – wie in den folgenden Kapiteln 4.2.2.1 bis 4.2.2.7 – gilt: „sehr geringfügig“ = Veränderung um höchstens 1 mm „geringfügig“ = Veränderung um maximal 2 mm (im Altersgruppenvergleich).

Tab. 12: Indirekte Strecken auf der x-Achse (Δlong), auf der y-Achse (Δtrans) und auf der z-Achse (Δvert) zwischen zwei POIs am Pferdeschädel, ermittelt mit dem Faro® Fusion Messarm, geordnet in Altersgruppen. Die Messwerte der beiden 0,12 Jahre alten Schädel sind zu Vergleichszwecken separat aufgelistet, gehen aber in der weiteren statistischen Auswertung in die Altersgruppe AG1 ein.

Strecke POI-POI	AG i (0,12 J.) M (X ± S mm) n = 2	AG 1* (< 5 J.) M (X ± S mm) n = 7	AG 2 (5-12 J.) M (X ± S mm) n = 13	AG 3 (>12 J.) M (X ± S mm) n = 16
3x-13x	2 ± 0	3 ± 4	3 ± 2	3 ± 2
3y-13y	60 ± 7	72 ± 10	82 ± 10	82 ± 6
3x-14x	51 ± 2	66 ± 11	71 ± 11	74 ± 5
3x-16x	134 ± 12	156 ± 18	164 ± 13	170 ± 8
3y-16y	65 ± 3	69 ± 5	74 ± 10	76 ± 7
3x-17x	14 ± 0	19 ± 4	21 ± 5	23 ± 7
3x-22x	47 ± 0	53 ± 6	53 ± 7	57 ± 4
3y-22y	20 ± 5	19 ± 2	22 ± 6	23 ± 5
3x-26x	97 ± 2	107 ± 9	112 ± 9	114 ± 5
4y-8y	33 ± 1	45 ± 9	50 ± 8	49 ± 4
4x-14x	3 ± 0	3 ± 3	5 ± 5	6 ± 3
4y-14y	65 ± 7	76 ± 9	81 ± 8	83 ± 4
4x-16x	81 ± 15	91 ± 11	96 ± 7	101 ± 8
4x-20x	15 ± 3	11 ± 4	8 ± 4	9 ± 6
4y-20y	39 ± 4	36 ± 4	36 ± 9	41 ± 6
4z-20z	30 ± 0	42 ± 8	51 ± 6	52 ± 7
4x-26x	44 ± 5	42 ± 4	46 ± 13	45 ± 6
5x-4x	49 ± 2	55 ± 5	57 ± 9	56 ± 6
5y-14y	43 ± 7	43 ± 3	42 ± 5	45 ± 4
5x-16x	141 ± 13	146 ± 14	152 ± 12	155 ± 7
5x-22x	42 ± 1	42 ± 3	42 ± 9	43 ± 5

POI = Antastpunkt (Point of Interest)
AG = Altersgruppe (J. = Jahre)
M = Mittelwert
S = Standardabweichung
* in der Gruppe sind auch die 0,12 Jahre alten Pferdeschädel enthalten

Tab. 12: (Fortsetzung)

Strecke POI-POI	AG i (0,12 J.) M (X ± S mm) n = 2	AG 1* (< 5 J.) M (X ± S mm) n = 7	AG 2 (5-12 J.) M (X ± S mm) n = 13	AG 3 (>12 J.) M (X ± S mm) n = 16
5y-22y	3 ± 0	12 ± 6	17 ± 8	14 ± 5
13y-5y	40 ± 7	42 ± 3	42 ± 4	45 ± 4
14x-26x	46 ± 4	42 ± 6	44 ± 16	41 ± 5
17x-4x	39 ± 3	46 ± 7	47 ± 5	47 ± 8
17y-4y	59 ± 6	62 ± 5	63 ± 8	69 ± 7
17x-14x	37 ± 2	47 ± 10	50 ± 9	52 ± 7
17z-14z	72 ± 11	72 ± 6	72 ± 7	76 ± 4
17x-16x	120 ± 12	138 ± 16	143 ± 11	147 ± 8
17x-18x	40 ± 2	43 ± 5	44 ± 4	45 ± 3
17y-22y	37 ± 2	40 ± 3	42 ± 6	45 ± 5
18x-4x	1 ± 1	4 ± 3	4 ± 2	6 ± 4
18y-4y	61 ± 4	60 ± 5	60 ± 10	65 ± 7
18z-4z	50 ± 2	65 ± 11	76 ± 10	78 ± 7
18z-14z	87 ± 7	89 ± 5	92 ± 8	97 ± 5
18x-16x	81 ± 14	95 ± 13	99 ± 8	102 ± 8
20x-16x	66 ± 12	80 ± 11	88 ± 8	92 ± 7
20y-16y	28 ± 2	36 ± 6	36 ± 8	34 ± 5
22x-4x	6 ± 3	12 ± 6	15 ± 6	12 ± 5
22y-4y	14 ± 2	15 ± 5	11 ± 3	11 ± 5
23x-16x	145 ± 17	165 ± 21	177 ± 15	184 ± 9
23x-17x	24 ± 5	29 ± 5	35 ± 6	37 ± 7
23y-17y	79 ± 5	87 ± 9	94 ± 9	99 ± 7
23x-25x	8 ± 1	5 ± 3	6 ± 5	6 ± 4
25x-3x	18 ± 6	11 ± 5	9 ± 4	9 ± 5
25x-4x	71 ± 4	76 ± 5	78 ± 6	79 ± 7
25x-17x	32 ± 6	30 ± 3	30 ± 3	32 ± 4
25x-18x	72 ± 4	73 ± 3	75 ± 6	77 ± 5
25x-20x	86 ± 6	88 ± 7	86 ± 8	87 ± 7
25x-26x	115 ± 8	119 ± 6	124 ± 11	124 ± 6

POI = Antastpunkt (Point of Interest)
AG = Altersgruppe (J. = Jahre)
M = Mittelwert
S = Standardabweichung
* in der Gruppe sind auch die 0,12 Jahre alten Pferdeschädel enthalten

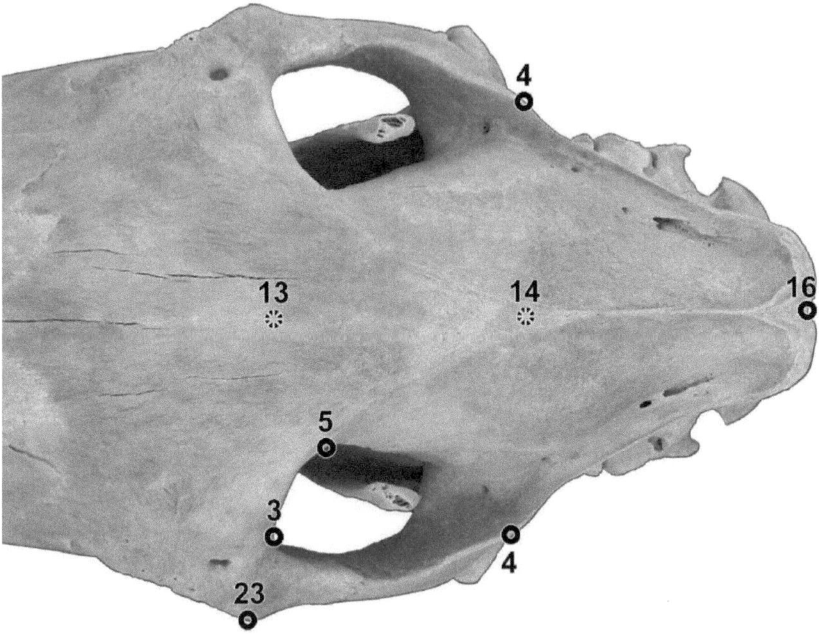

Abb. 17: Übersicht über jene POIs, die *tastbar* sind und von denen aus indirekte Strecken (Δlong, Δtrans, Δvert) zu anderen, *abgeleiteten* (d.h. nicht gut tastbaren) POIs außen (gepünktelt) und innen – siehe Abb. 18 – am Schädel ermittelt wurden.

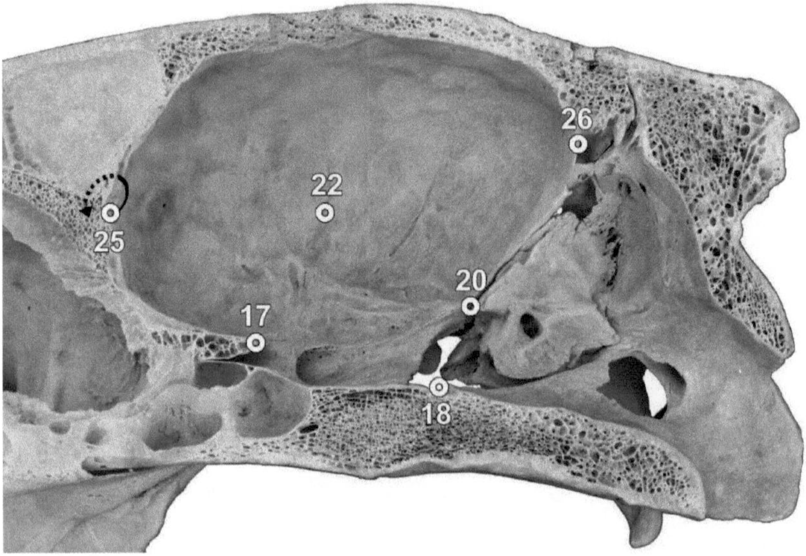

Abb. 18: Übersicht über jene POIs innen am Schädel (weiß dargestellt), die mit den in Abb. 17 gezeigten tastbaren POIs in eine Lagebeziehung gebracht wurden, welche als sogenannte indirekte Strecken (Δlong, Δtrans, Δvert) berechnet wurden.

4.2.2.1 Auf POI 3 bezogene indirekte Strecken (Tab. 13, 14; Abb. 19)

Drei von zehn der auf POI 3 bezogenen, indirekten Strecken nahmen nicht von Altersgruppe zu Altersgruppe zu (Tab. 13): Δlong 3x-13x blieb unverändert; Δlong 3x-17x veränderte sich von Altersgruppe 1 zu Altersgruppe 2 und von Altersgruppe 2 zu Altersgruppe 3 geringfügig; Δlong 25x-3x veränderte sich von Altersgruppe 1 zu Altersgruppe 2 geringfügig und blieb von Altersgruppe 2 zu Altersgruppe 3 konstant (Abb. 19).

In der Gruppe der an Länge zunehmenden indirekten Strecken zeigte Δlong 3x-16x den größten Zuwachs im Altersgruppenvergleich (Tab. 13). Die meisten der ermittelten Längenunterschiede der Strecken waren statistisch *nicht signifikant*. Ein signifikanter Unterschied der Längenwerte bestand nur bei der Strecke Δtrans 3y-13y (d.h. POI 3 war weiter von der Medianen – hier: POI 13 – entfernt); diese Signifikanz war nur in dem paarweisen Vergleich der „jungen" und der „alten" Pferdeschädel (AG1-AG3) lokalisiert (Tab. 14).

Tab. 13: Übersicht der auf POI 3 bezogenen indirekten Strecken; solche, die sich im Altersgruppenvergleich mehr als nur geringfügig (d.h. um mehr als 2 mm) veränderten, sind grau unterlegt.

Strecke POI-POI	Achsen-abschnitt	AG 1 (< 5 Jahre) M (X ± S mm) n = 7	AG 2 (5-12 Jahre) M (X ± S mm) n = 13	AG 3 (>12 Jahre) M (X ± S mm) n = 16
3x-13x	Δlong	3 ± 4	3 ± 2	3 ± 2
3y-13y	Δtrans	72 ± 10	82 ± 10	82 ± 6
3x-14x	Δlong	66 ± 11	71 ± 11	74 ± 5
3x-16x	Δlong	156 ± 18	164 ± 13	170 ± 8
3y-16y	Δtrans	69 ± 5	74 ± 10	76 ± 7
3x-17x	Δlong	19 ± 4	21 ± 5	23 ± 7
3x-22x	Δlong	53 ± 6	53 ± 7	57 ± 4
3y-22y	Δtrans	19 ± 2	22 ± 6	23 ± 5
3x-26x	Δlong	107 ± 9	112 ± 9	114 ± 5
25x-3x	Δlong	11 ± 5	9 ± 4	9 ± 5

POI = Antastpunkt (Point of Interest)
Δlong = rostro-caudaler Abstand (x-Achse, POIx-POIx)
Δtrans = latero-medialer Abstand (y-Achse, POIy-POIy)
(eine auf POI 3 bezogene indirekte Strecke Δvert (auf der z-Achse) wurde nicht berechnet)
AG = Altersgruppe
M = Mittelwert
S = Standardabweichung

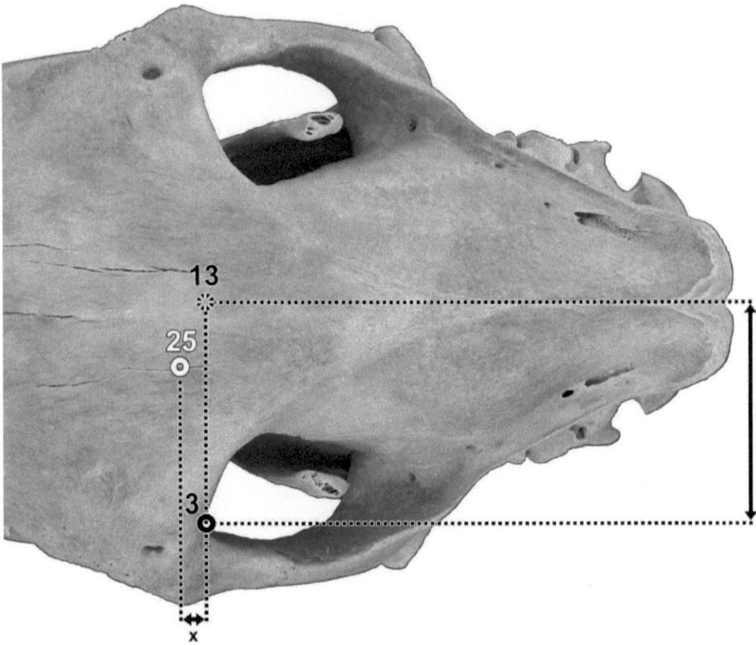

Abb. 19: Grafische Darstellung der indirekten Strecke Δlong 25x-3x, die sich *nur geringfügig* von Altersgruppe zu Altersgruppe veränderte oder konstant blieb, und der indirekten Strecke Δtrans 3y-13y, die von Altersgruppe 1 zu Altersgruppe 3 signifikant *zunahm*; weiß: POI an der Innenseite des Schädels. Gepünktelt: *abgeleiteter* POI außen am Schädel.

Beachte: Aus zeichentechnischen Gründen ist die Strecke Δlong 25x-3x länger dargestellt als es dem tatsächlichen Maß entspricht; sie wäre andernfalls zu kurz, um optisch sicher erkannt zu werden (in dieser Abbildung liegt POI 25 zu weit rostral).

Tab. 14: Übersicht über die auf POI 3 bezogenen indirekten Strecken, bei denen im Globaltest und in mindestens einem paarweisen Altersgruppenvergleich *signifikante* Unterschiede vorlagen (Signifikanzen grau unterlegt).

Strecke POI-POI	p (AG1-AG2-AG3)	p (AG1-AG2)	p (AG2-AG3)	p (AG1-AG3)
3y-13y	0,0393	0,0640	0,9831	0,0436
POI = Antastpunkt (Point of Interest) p (AG1-AG2-AG3) = Signifikanzwert "Globaltest" p (AGX-AGX) = Signifikanzwert der paarweisen Vergleiche der jeweiligen Altersgruppen 1, 2 und 3				

4.2.2.2 Auf POI 4 bezogene indirekte Strecken (Tab. 15, 16; Abb. 20)

Vier von 17 der auf POI 4 bezogenen indirekten Strecken nahmen nicht von Altersgruppe zu Altersgruppe zu (Tab. 15); zwei davon (die Längenmaße Δlong 17x-4x und Δlong 18x-4x) beziehen sich auf die rostrale (POI 17) und caudale (POI 18) Begrenzung der Fossa cranii media (Abb. 20). Auf die in Altersgruppe AG i (0,12 Jahre) relativ hohen Werte der Strecke Δlong 4x-20x und die im Vergleich dazu niedrigeren Werte in den folgenden Altersgruppen (Tab. 12, 15) wurde bereits hingewiesen (4.2.2).

Starke Veränderungen zeigten dagegen die Werte der Höhenmaße (Strecken Δvert), die sich auf POI 17 und POI 18 bezogen (Tab. 15); diese Werte nahmen stark zu (siehe Δvert 17z-4z und Δvert 18z-4z). Sie zeigten allerdings teilweise eine starke Streuung (Δvert 17z-4z); in anderen Fällen (Δvert 4z-20z und Δvert 18z-4z) aber waren die Zunahmen signifikant – insbesondere im Vergleich von Altersgruppe 1 und Altersgruppe 2 (Tab. 16), denn die Signifikanzen bestanden im paarweisen Vergleich der „jungen“ und der „erwachsenen“ Pferdeschädel (AG1-AG2), sowie im paarweisen Vergleich der „jungen“ und der „alten“ Pferdeschädel (AG1-AG3).

Tab. 15: Übersicht der auf POI 4 bezogenen indirekten Strecken; solche, deren Werte sich im Altersgruppenvergleich mehr als nur geringfügig (d.h. um mehr als 2 mm) veränderten, sind grau unterlegt.

Strecke POI-POI	Achsen-abschnitt	AG 1 (< 5 Jahre) M (X ± S mm) n = 7	AG 2 (5-12 Jahre) M (X ± S mm) n = 13	AG 3 (>12 Jahre) M (X ± S mm) n = 16
4y-8y	Δtrans	45 ± 9	50 ± 8	49 ± 4
4x-14x	Δlong	3 ± 3	5 ± 5	6 ± 3
4y-14y	Δtrans	76 ± 9	81 ± 8	83 ± 4
4x-16x	Δlong	91 ± 11	96 ± 7	101 ± 8
4x-20x	Δlong	11 ± 4	8 ± 4	9 ± 6
4y-20y	Δtrans	36 ± 4	36 ± 9	41 ± 6
4z-20z	Δvert	42 ± 8	51 ± 6	52 ± 7
4x-26x	Δlong	42 ± 4	46 ± 13	45 ± 6
5x-4x	Δlong	55 ± 5	57 ± 9	56 ± 6
17x-4x	Δlong	46 ± 7	47 ± 5	47 ± 8
17y-4y	Δtrans	62 ± 5	63 ± 8	69 ± 7
17z-4z	Δvert	48 ± 10	57 ± 10	57 ± 7
18x-4x	Δlong	4 ± 3	4 ± 2	6 ± 4
18y-4y	Δtrans	60 ± 5	60 ± 10	65 ± 7
18z-4z	Δvert	65 ± 11	76 ± 10	78 ± 7
22x-4x	Δlong	12 ± 6	15 ± 6	12 ± 5
22y-4y	Δtrans	15 ± 5	11 ± 3	11 ± 5
25x-4x	Δlong	76 ± 5	78 ± 6	79 ± 7

POI = Antastpunkt (Point of Interest)
Δlong = rostro-caudaler Abstand (x-Achse, POIx-POIx)
Δtrans = latero-medialer Abstand (y-Achse, POIy-POIy)
Δvert = dorso-ventraler Abstand (z-Achse, POIz-POIz)
AG = Altersgruppe
M = Mittelwert
S = Standardabweichung

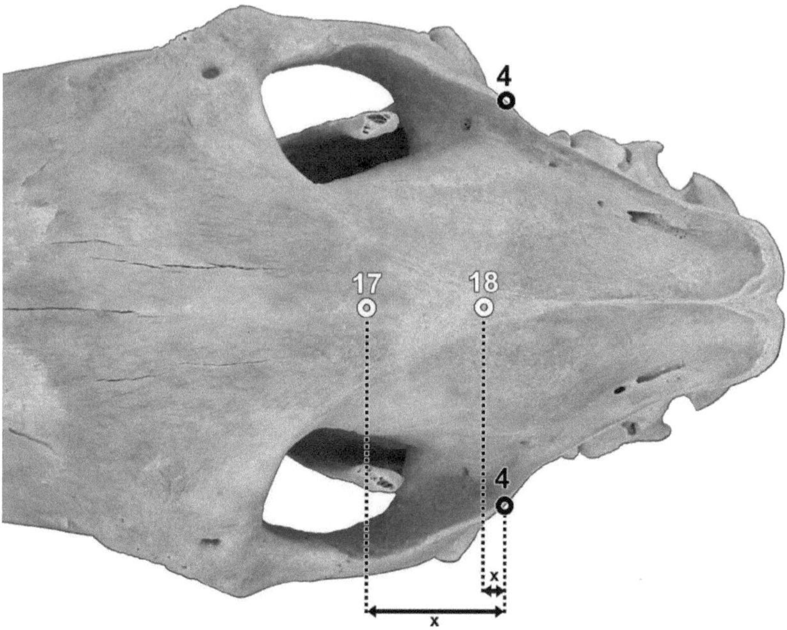

Abb. 20: Grafische Darstellung der indirekten Strecken Δlong 17x-4x und 18x-4x, die sich *nur geringfügig* von Altersgruppe zu Altersgruppe veränderten (weiß: POIs innen am Schädel).
Beachte: Aus zeichentechnischen Gründen ist die Strecke Δlong 18x-4x länger dargestellt, als es dem tatsächlichen Maß entspricht; sie wäre andernfalls zu kurz, um optisch sicher erkannt zu werden (in dieser Abbildung liegt POI 18 zu weit rostral).

Tab. 16: Übersicht über die auf POI 4 bezogenen indirekten Strecken, bei denen im Globaltest und in mindestens einem paarweisen Altersgruppenvergleich *signifikante* Unterschiede vorlagen (Signifikanzen grau unterlegt).

Strecke POI-POI	p (AG1-AG2-AG3)	p (AG1-AG2)	p (AG2-AG3)	p (AG1-AG3)
4z-20z	0,0076	0,0235	0,8791	0,0068
18z-4z	0,0160	0,0393	0,8980	0.0153

POI = Antastpunkt (Point of Interest)
p (AG1-AG2-AG3) = Signifikanzwert "Globaltest"
p (AGX-AGX) = Signifikanzwert der paarweisen Vergleiche der jeweiligen Altersgruppen 1, 2 und 3

4.2.2.3 Auf POI 5 bezogene indirekte Strecken (Tab. 17; Abb. 21)

Zwei von sechs der auf POI 5 bezogenen indirekten Strecken nahmen nicht von Altersgruppe zu Altersgruppe an Länge zu (Tab. 17): Δlong 5x-4x veränderte sich von Altersgruppe 1 zu Altersgruppe 2 nur geringfügig und von Altersgruppe 2 zu Altersgruppe 3 nur sehr geringfügig. Die Strecke Δlong 5x-22x veränderte sich allenfalls von Altersgruppe 2 zu Altersgruppe 3, und zwar nur sehr geringfügig: nahezu altersgruppenunabhängig blieb also die Entfernung auf der x-Achse zwischen POI 5 und POI 22 (der breitesten Stelle des Schädeldaches, Calvaria) konstant.

Die indirekten Abstände Δtrans 13y-5y und Δtrans 5y-14y zeigten, bis auf einen sehr geringfügigen Unterschied, identische Werte in allen drei Altersgruppen (Tab. 17): POI 5 blieb von den beiden Bezugspunkten auf der Medianen (hier POI 13 und POI 14) unverändert gleich weit entfernt (Abb. 21).

Alle ermittelten Längenunterschiede der auf POI 5 bezogenen indirekten Strecken waren statistisch *nicht* signifikant.

Tab. 17: Übersicht der auf POI 5 bezogenen indirekten Strecken; solche Werte, die sich im Altersgruppenvergleich mehr als nur geringfügig (d.h. um mehr als 2 mm) veränderten, sind grau unterlegt.

Strecke POI-POI	Achsen-abschnitt	AG 1 (< 5 Jahre) M (X ± S mm) n = 7	AG 2 (5-12 Jahre) M (X ± S mm) n = 13	AG 3 (>12 Jahre) M (X ± S mm) n = 16
5x-4x	Δlong	55 ± 5	57 ± 9	56 ± 6
5y-14y	Δtrans	43 ± 3	42 ± 5	45 ± 4
5x-16x	Δlong	146 ± 14	152 ± 12	155 ± 7
5x-22x	Δlong	42 ± 3	42 ± 9	43 ± 5
5y-22y	Δtrans	12 ± 6	17 ± 8	14 ± 5
13y-5y	Δtrans	42 ± 3	42 ± 4	45 ± 4

POI = Antastpunkt (Point of Interest)
Δlong = rostro-caudaler Abstand (x-Achse, POIx-POIx)
Δtrans = latero-medialer Abstand (y-Achse, POIy-POIy)
(eine auf POI 5 bezogene indirekte Strecke Δvert (auf der z-Achse) wurde nicht berechnet)
AG = Altersgruppe
M = Mittelwert
S = Standardabweichung

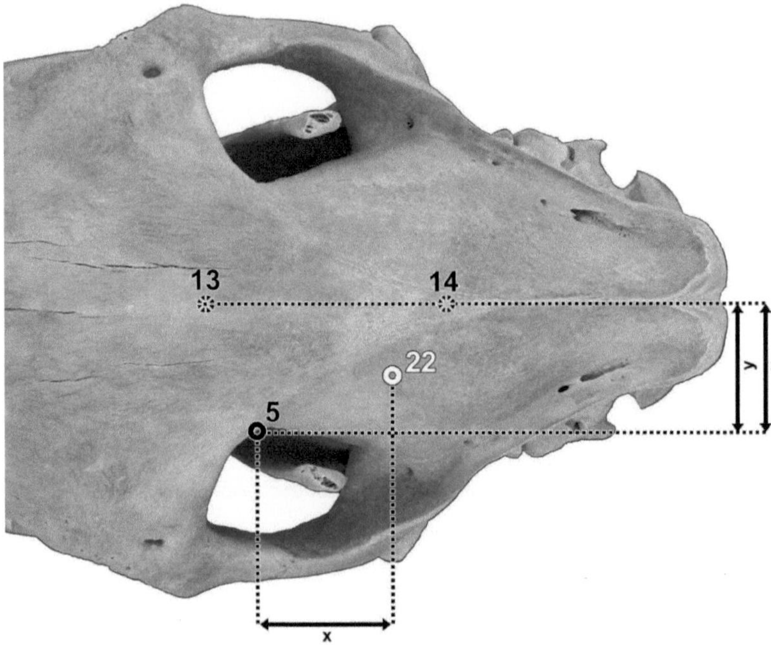

Abb. 21: Grafische Darstellung der indirekten Strecken Δtrans 13y-5y und Δtrans 5y-14y, die in den jeweiligen Altersgruppen nahezu dieselben Abstände zur Medianen hatten (gepünktelt: *abgeleitete* POIs außen am Schädel). Δlong 5x-22x blieb nahezu lagekonstant. Weiß: POI innen am Schädel.

4.2.2.4 Auf POI 16 bezogene indirekte Strecken (Tab. 18, 19; Abb. 22)

Nur eine von neun, auf POI 16 (Crista nuchae) bezogenen, indirekten Strecken nahm *nicht* von Altersgruppe zu Altersgruppe *zu*: Die Werte von Δtrans 20y-16y in Altersgruppe 1 und 2 waren gleich, in Altersgruppe 3 geringfügig kleiner (Tab. 18).

Alle Werte der anderen Strecken Δlong (auf der x-Achse) zeigten dagegen im Altersgruppenvergleich deutliche Veränderungen mit zum Teil sehr hohen Streuungen. Den höchsten Zuwachs im Altersgruppenvergleich zeigten die Werte der Strecke Δlong 23x-16x (Tab. 18); bei dieser Strecke bestand ein signifikanter Unterschied des Längenwerts (Tab. 19). Diese Signifikanz war im paarweisen Vergleich der „jungen" und der „alten" Pferdeschädel (AG1-AG3) lokalisiert.

Tab. 18: Übersicht der auf POI 16 bezogenen indirekten Strecken; solche, deren Werte sich im Altersgruppenvergleich mehr als nur geringfügig (d.h. um mehr als 2 mm) veränderten, sind grau unterlegt.

Strecke POI-POI	Achsen-abschnitt	AG 1 (< 5 Jahre) M (X ± S mm) n = 7	AG 2 (5-12 Jahre) M (X ± S mm) n = 13	AG 3 (>12 Jahre) M (X ± S mm) n = 16
3x-16x	Δlong	156 ± 18	164 ± 13	170 ± 8
3y-16y	Δtrans	69 ± 5	74 ± 10	76 ± 7
4x-16x	Δlong	91 ± 11	96 ± 7	101 ± 8
5x-16x	Δlong	146 ± 14	152 ± 12	155 ± 7
17x-16x	Δlong	138 ± 16	143 ± 11	147 ± 8
18x-16x	Δlong	95 ± 13	99 ± 8	102 ± 8
20x-16x	Δlong	80 ± 11	88 ± 8	92 ± 7
20y-16y	Δtrans	36 ± 6	36 ± 8	34 ± 5
23x-16x	Δlong	165 ± 21	177 ± 15	184 ± 9

POI = Antastpunkt (Point of Interest)
Δlong = rostro-caudaler Abstand (x-Achse, POIx-POIx)
Δtrans = latero-medialer Abstand (y-Achse, POIy-POIy)
(eine auf POI 16 bezogene indirekte Strecke Δvert (auf der z-Achse) wurde nicht berechnet)
AG = Altersgruppe
M = Mittelwert
S = Standardabweichung

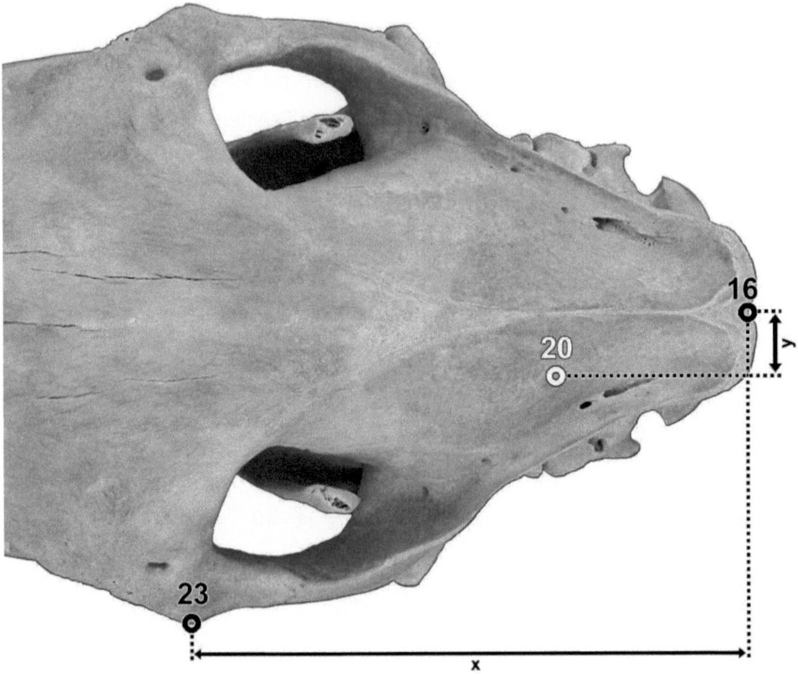

Abb. 22: Grafische Darstellung der indirekten Strecke Δtrans 20y-16y, die sich nur geringfügig von Altersgruppe 2 zu Altersgruppe 3 veränderte, und der Strecke Δlong 23x-16x, deren Maße im Altersgruppenvergleich die größten Zunahmen zeigten (weiß: POI innen am Schädel).

Beachte: Aus zeichentechnischen Gründen ist die Strecke 20y-16y länger dargestellt, als es dem tatsächlichen Maß entspricht; sie wäre andernfalls zu kurz, um optisch sicher erkannt zu werden (in dieser Abbildung liegt POI 20 zu weit lateral).

Tab. 19: Übersicht über die auf POI 16 bezogenen indirekten Strecken, bei denen im Globaltest und in mindestens einem paarweisen Altersgruppenvergleich *signifikante* Unterschiede vorlagen (Signifikanzen grau unterlegt).

Strecke POI-POI	p (AG1-AG2-AG3)	p (AG1-AG2)	p (AG2-AG3)	p (AG1-AG3)
23x-16x	0,0403	0,2106	0,5094	0,0314
POI = Antastpunkt (Point of Interest) p (AG1-AG2-AG3) = Signifikanzwert "Globaltest" p (AGX-AGX) = Signifikanzwert der paarweisen Vergleiche der jeweiligen Altersgruppen 1, 2 und 3				

4.2.2.5 Auf POI 23 bezogene indirekte Strecken (Tab. 20, 21; Abb. 23)

Eine von vier auf POI 23 (caudaler Orbitalrand) bezogenen indirekten Strecken nahm *nicht* von Altersgruppe zu Altersgruppe *zu* (Tab. 20): Diese indirekte Strecke Δlong 23x-25x (Abb. 23) blieb in allen drei Altersgruppen nahezu konstant; sie zeigte nur sehr geringfügig erhöhte Werte beim Vergleich von Altersgruppe 1 und Altersgruppe 2. Der POI 23 blieb also auf der x-Achse in einem nahezu konstanten Abstand zu dem am weitesten rostral gelegenen Punkt des Cavum cranii (POI 25, dorsal der Fossa ethmoidalis).

Relativ zum Maß in Altersgruppe 1 stieg der Messwert Δlong 23x-17x in Altersgruppe 2 stark an (d. h. der Abstand zwischen caudalem Orbitalrand und Crista orbitosphenoidalis nahm zu).

Auch die Werte von Δtrans 23y-17y nahmen zu (Tab. 20), der Abstand des POI 23 von der Medianen (hier: POI 17) vergrößerte sich also. Bei zwei von vier indirekten Strecken, deren Längenmaße sich erhöhten (Δlong 23x-16x, Δtrans 23y-17y), waren die ermittelten Längenunterschiede in den Altersgruppen statistisch signifikant; die Signifikanz war aber nur im paarweisen Vergleich der „jungen“ und der „alten“ Pferdeschädel (AG1-AG3) lokalisiert (Tab. 21).

Tab. 20: Übersicht der auf POI 23 bezogenen indirekten Strecken; solche, deren Werte sich im Altersgruppenvergleich mehr als nur geringfügig (d.h. um mehr als 2 mm) veränderten, sind grau unterlegt.

Strecke POI-POI	Achsen-abschnitt	AG 1 (< 5 Jahre) M (X ± S mm) n = 7	AG 2 (5-12 Jahre) M (X ± S mm) n = 13	AG 3 (>12 Jahre) M (X ± S mm) n = 16
23x-16x	Δlong	165 ± 21	177 ± 15	184 ± 9
23x-17x	Δlong	29 ± 5	35 ± 6	37 ± 7
23y-17y	Δtrans	87 ± 9	94 ± 9	99 ± 7
23x-25x	Δlong	5 ± 3	6 ± 5	6 ± 4

POI = Antastpunkt (Point of Interest)
Δlong = rostro-caudaler Abstand (x-Achse, POIx-POIx)
Δtrans = latero-medialer Abstand (y-Achse, POIy-POIy)
(eine auf POI 23 bezogene indirekte Strecke Δvert (auf der z-Achse) wurde nicht berechnet)
AG = Altersgruppe
M = Mittelwert
S = Standardabweichung

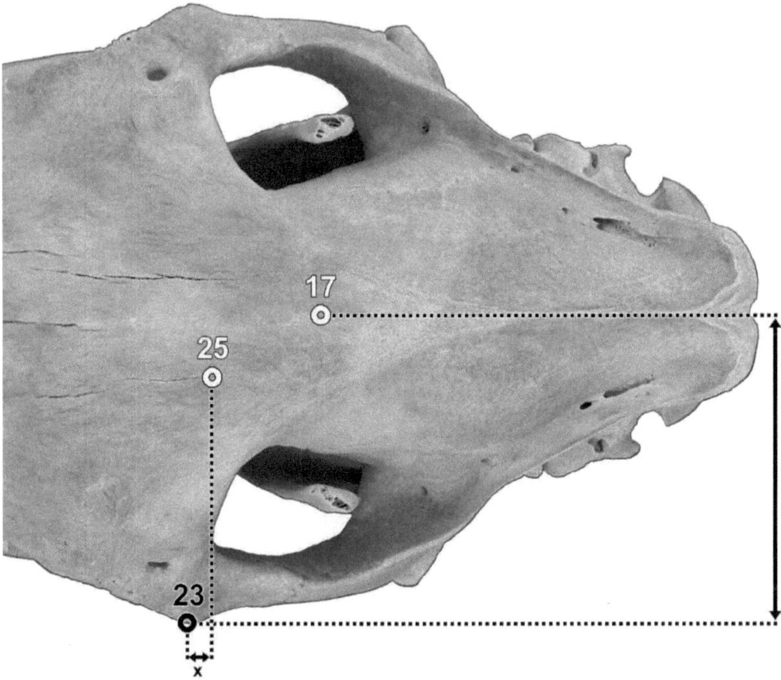

Abb. 23: Grafische Darstellung der indirekten Strecke Δlong 23x-25x, die sich nur *sehr geringfügig* von Altersgruppe 1 zu Altersgruppe 2 veränderte, während die Maße von Δlong 23x-17x und Δtrans 23y-17y stark zunahmen (bei letztgenannter Strecke *signifikant* im Altersgruppenvergleich AG1-AG3); weiß: POIs innen am Schädel.

Beachte: Aus zeichentechnischen Gründen ist die Strecke Δlong 23x-25x länger dargestellt, als es dem tatsächlichen Maß entspricht; sie wäre andernfalls zu kurz, um optisch sicher erkannt zu werden (in dieser Abbildung liegt POI 25 zu weit caudal).

Tab. 21: Übersicht über die auf POI 23 bezogenen Strecken, bei denen im Globaltest und in mindestens einem paarweisen Altersgruppenvergleich *signifikante* Unterschiede vorlagen (Signifikanzen grau unterlegt).

Strecke POI-POI	p (AG1-AG2-AG3)	p (AG1-AG2)	p (AG2-AG3)	p (AG1-AG3)
23x-16x	0,0403	0,2106	0,5094	0,0314
23y-17y	0,0278	0,2094	0,3991	0,0217
POI = Antastpunkt (Point of Interest) p (AG1-AG2-AG3) = Signifikanzwert "Globaltest" p (AGX-AGX) = Signifikanzwert der paarweisen Vergleiche der jeweiligen Altersgruppen 1, 2 und 3				

4.2.2.6 Auf POI 14 bezogene indirekte Strecken (Tab. 22, 23; Abb. 21, 24)

Zusätzlich zu den bereits genannten POIs, die *tastbar* waren (POIs 3, 4, 5, 16, 23), wurde in die Betrachtung der indirekten Strecken der abgeleitete POI 14 einbezogen. Eine von acht dieser auf POI 14 bezogenen indirekten Strecken nahm *nicht* von Altersgruppe zu Altersgruppe *zu* (Tab. 22): Die Maße von Δlong 4x-14x waren in Altersgruppe 2 geringfügig, in Altersgruppe 3 sehr geringfügig größer als in den jeweils jüngeren Vergleichsgruppen (Tab. 22). Eine deutliche Veränderung zeigte dagegen die Strecke Δvert 18z-14z; der vertikale Abstand des POI 14 von der Schädelbasis (hier: POI 18 als median auf der Crista sphenooccipitalis gelegener Punkt) vergrößerte sich (besonders deutlich von Altersgruppe 2 zu Altersgruppe 3 [Tab. 22]); die ermittelten Unterschiede der Höhenmaße waren signifikant im Globaltest und im paarweisen Vergleich der „jungen“ und der „alten“ Pferdeschädel (Tab. 23). Im Gegensatz dazu zeigte die ebenfalls vertikale Strecke Δvert 17z-14z (POI 17, median auf der Crista orbitosphenoidalis) eine vergleichsweise geringere Veränderung; entsprechend waren die Unterschiede der Höhenmaße Δvert 14z-17z statistisch nicht signifikant.

Tab. 22: Übersicht der auf POI 14 bezogenen indirekten Strecken; solche, deren Werte sich im Altersgruppenvergleich mehr als nur geringfügig (d.h. um mehr als 2 mm) veränderten, sind grau unterlegt.

Strecke POI-POI	Achsen-abschnitt	AG 1 (< 5 Jahre) M (X ± S mm) n = 7	AG 2 (5-12 Jahre) M (X ± S mm) n = 13	AG 3 (>12 Jahre) M (X ± S mm) n = 16
3x-14x	Δlong	66 ± 11	71 ± 11	74 ± 5
4x-14x	Δlong	3 ± 3	5 ± 5	6 ± 3
4y-14y	Δtrans	76 ± 9	81 ± 8	83 ± 4
5y-14y	Δtrans	43 ± 3	42 ± 5	45 ± 4
14x-20x	Δlong	42 ± 6	44 ± 16	41 ± 5
17x-14x	Δlong	47 ± 10	50 ± 9	52 ± 7
17z-14z	Δvert	72 ± 6	72 ± 7	76 ± 4
18z-14z	Δvert	89 ± 5	92 ± 8	97 ± 5

POI = Antastpunkt (Point of Interest)
Δlong = rostro-caudaler Abstand (x-Achse, POIx-POIx)
Δtrans = latero-medialer Abstand (y-Achse, POIy-POIy)
Δvert = dorso-ventraler Abstand (z-Achse, POIz-POIz)
AG = Altersgruppe
M = Mittelwert
S = Standardabweichung

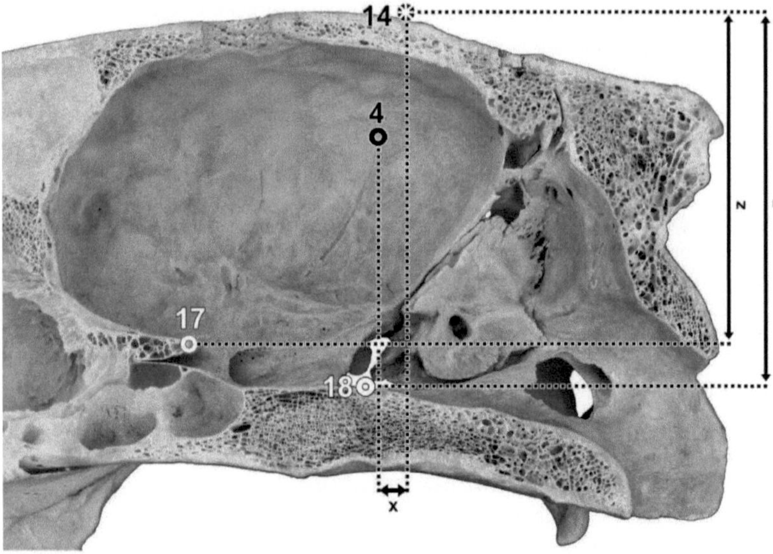

Abb. 24: Grafische Darstellung der indirekten Strecke Δlong 4x-14x, die sich nur geringfügig änderte sowie der indirekten Strecken Δvert 17z-14z und 18z-14z, die im Altersgruppenvergleich an Länge zunahmen (letztgenannte signifikant von Altersgruppe 1 zu Altersgruppe 3); schwarz: POIs an der Außenseite des Schädels. Gepünktelt: *abgeleiteter* POI außen am Schädel.

Beachte: Aus zeichentechnischen Gründen ist die Strecke 4x-14x länger dargestellt, als es dem tatsächlichen Maß entspricht; sie wäre andernfalls zu kurz, um optisch sicher erkannt zu werden (in dieser Abbildung liegt POI 14 zu weit caudal).

Tab. 23: Übersicht über die auf POI 14 bezogenen indirekten Strecken, bei denen im Globaltest und in mindestens einem paarweisen Altersgruppenvergleich *signifikante* Unterschiede vorlagen (Signifikanzen grau unterlegt).

Strecke POI-POI	p (AG1-AG2-AG3)	p (AG1-AG2)	p (AG2-AG3)	p (AG1-AG3)
18z-14z	0,0347	0,5918	0,1518	0,0381

POI = Antastpunkt (Point of Interest)
p (AG1-AG2-AG3) = Signifikanzwert "Globaltest"
p (AGX-AGX) = Signifikanzwert der paarweisen Vergleiche der jeweiligen Altersgruppen 1, 2 und 3

4.2.2.7 Weitere unveränderte bzw. gering veränderte indirekte Strecken (Tab. 24; Abb. 25)

Unter jenen indirekten Strecken, die auf die oben genannten tastbaren POIs 3, 4, 5, 16, 23 und 14 bezogen waren (4.2.2.1 – 4.2.2.6), befanden sich einige, die (im Altersgruppenvergleich) veränderlich waren (Abb. 20); andere blieben (bis auf max. 2 mm) unverändert (Abb. 26). Darüber hinaus wurden vier weitere indirekte Strecken ermittelt, deren Maße ebenfalls unverändert blieben: Δlong 17x-18x, Δlong 25x-17x, Δlong 25x-18x und Δlong 25x-20x (Tab. 24, Abb. 25).

Tab. 24: Übersicht über fünf weitere indirekte Strecken; solche, deren Werte sich im Altersgruppenvergleich mehr als nur geringfügig (d.h. um mehr als 2 mm) veränderten, sind grau unterlegt.

Strecke POI-POI	Achsen-abschnitt	AG 1 (< 5 Jahre) M (X ± S mm) n = 7	AG 2 (5-12 Jahre) M (X ± S mm) n = 13	AG 3 (>12 Jahre) M (X ± S mm) n = 16
17x-18x	Δlong	43 ± 5	44 ± 4	45 ± 3
17y-22y	Δtrans	40 ± 3	42 ± 6	45 ± 5
25x-17x	Δlong	30 ± 3	30 ± 3	32 ± 4
25x-18x	Δlong	73 ± 3	75 ± 6	77 ± 5
25x-20x	Δlong	88 ± 7	86 ± 8	87 ± 7

POI = Antastpunkt (Point of Interest)
Δlong = rostro-caudaler Abstand (x-Achse, POIx-POIx)
Δtrans = latero-medialer Abstand (y-Achse, POIy-POIy)
(eine indirekte Strecke Δvert (auf der z-Achse) wurde nicht berechnet)
M = Mittelwert
S = Standardabweichung

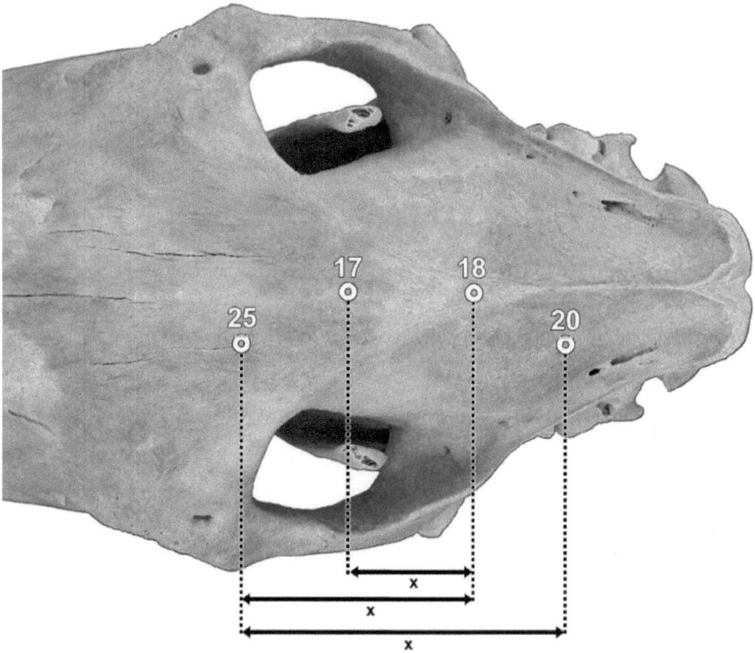

Abb. 25: Grafische Darstellung der indirekten Strecken Δlong 17x-18x, Δlong 25x-18x und Δlong 25x-20x, die sich nur geringfügig änderten. Weiß: POIs innen am Schädel.

4.2.2.8 Zusammenfassende Betrachtung von einigen ausgewählten indirekten Strecken

Auf POI 3 bezogene indirekte Strecke
Δtrans 3y-13y (Tab. 13): Signifikanter Unterschied in den Altersgruppen; POI 3 war – von der Medianen (POI 13) weg – nach lateral verlagert.

Auf POI 4 bezogene indirekte Strecken
Δlong 17x-4x und Δlong 18x-4x (Tab. 15): Die Werte der Abstände (auf der x-Achse) zwischen dem außen gelegenen POI 4 und dem innen gelegenen POI 17 bzw. POI 18 (die rostrale bzw. caudale Grenze der Fossa cranii media) änderten sich nur geringfügig bzw. sehr geringfügig im Altersgruppenvergleich. Δvert 18z-4z (Tab. 16): Signifikante Zunahme des Höhenabstands zwischen POI 4 und POI 18 (im Vergleich zwischen „jungen“ und „erwachsenen“ Pferdeschädeln).

Auf POI 5 bezogene indirekte Strecken
Δlong 5x-22x (Tab. 17): Dieser Längenabstand (auf der x-Achse) blieb nahezu konstant. Δtrans 5y-22y (Tab. 17): Der Abstand auf der y-Achse (d.h. nach lateral) zeigte zwar Veränderungen, jedoch mit starker Streuung.

Auf POI 23 bezogene indirekte Strecken
Δlong 23x-25x und Δlong 23x-17x (Tab. 20): Der Abstand (auf der x-Achse) zwischen caudalem Orbitalrand (POI 23) und rostraler Grenze des Cavum cranii (POI 25) blieb nahezu konstant, während der Abstand von POI 23 zu POI 17 (in der Medianen gelegene rostrale Grenze der Fossa cranii media) sich deutlich veränderte. Δtrans 23y-17y (Tab. 20): Signifikanter Unterschied in den Altersgruppen; POI 23 war – von der Medianen (POI 17) weg – nach lateral verlagert.

Auf POI 14 bezogene indirekte Strecken
Δvert 17z-14z und Δvert 18z-14z (Tab. 23): Beide Höhenmaße zeigten Zunahmen, wenngleich eine Signifikanz der Unterschiede nur bei der Strecke Δvert 18z-14z errechnet wurde.

Auf POI 16 bezogene Strecken (Tab. 18):
Alle auf POI 16 bezogenen Strecken (x-Achse) zeigten im Altersgruppenvergleich deutliche Veränderungen mit zum Teil sehr hohen Streuungen.

Weitere nicht/nur gering veränderte Strecken (Tab. 24):
Innerhalb des Cavum cranii waren nicht oder nur gering verändert die Strecken Δlong 17x-18x, Δlong 25x-18x, Δlong 25x-20x

Eine Auswahl indirekter Strecken ist – zu deren besserem Vergleich – in zwei synoptischen Schemazeichnungen zusammengestellt (Abb. 26: *dorsale* Ansicht, rechte Schädel*hälfte*; Abb. 27: *mediale* Ansicht, rechte Schädel*hälfte*). Diese Schemata sollen zudem in der anschließenden Diskussion (5.6, 5.7) den Rückgriff auf relevante Details erleichtern.

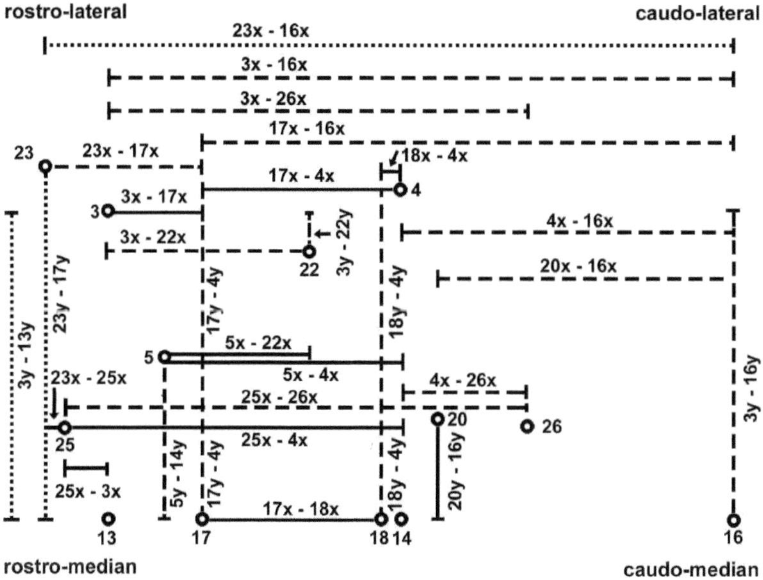

Abb. 26: Zusammenfassende grafische Darstellung ausgewählter indirekter Strecken Δlong (x-Achse) und Δtrans (y-Achse), die im Altersgruppenvergleich unverändert oder verändert waren.

Durchgezogene Linien: unverändert oder nur gering verändert (weniger als 2 mm);

gestrichelte Linien: verändert (mehr als 2 mm, nicht signifikant $p > 0,05$);

gepünktelte Linien: signifikant verändert (mehr als 2 mm, $p \leq 0,05$).

Beachte: POIs und Strecken sind so platziert, dass sie die *dorsale* Ansicht einer *rechten* Schädel*hälfte* simulieren.

Die Mediane befindet sich am unteren Bildrand (POIs 13, 17, 18, 14, 16).

Aus zeichentechnischen Gründen konnten die POIs nicht im korrekten Abstand und nicht in anatomisch korrekter Lage angeordnet werden.

Zur anatomischen Lage der POIs siehe Abb. 1 und Abb. 2.

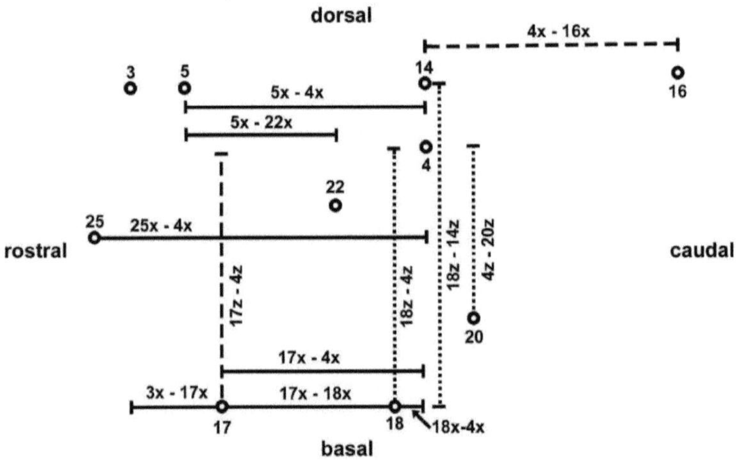

Abb. 27: Zusammenfassende grafische Darstellung ausgewählter indirekter Strecken Δlong (x-Achse) und Δvert (z-Achse), die im Altersgruppenvergleich unverändert oder verändert waren.

Durchgezogene Linien: unverändert oder nur gering verändert (weniger als 2 mm);

gestrichelte Linien: verändert (mehr als 2 mm, nicht signifikant p > 0,05);

gepünktelte Linien: signifikant verändert (mehr als 2 mm, p ≤ 0,05)

Beachte: POIs und Strecken sind so platziert, dass sie die *mediale* Ansicht einer *rechten* Schädel*hälfte* simulieren.

Die Mediane der *Schädelbasis* befindet sich am unteren Bildrand (POI 17, POI 18).

Aus zeichentechnischen Gründen konnten die POIs nicht im korrekten Abstand und nicht in anatomisch korrekter Lage angeordnet werden.

Zur anatomischen Lage der POIs siehe Abb. 1 und Abb. 2.

5 Diskussion

Der Schwerpunkt dieser Arbeit lag auf der Erfassung der Lagebeziehungen von knöchernen Orientierungspunkten (Knochenpunkten) *außen* am Schädel zu Knochenpunkten *innen* am Cavum cranii. Da intracraniale osteologische Marken naturgemäß mit neuroanatomischen Strukturen (z.B. Arealen und Windungen des Cortex cerebri, Anteilen des Hirnstamms, Hirnnerven) oder intracranialen Blutgefäßen topographisch korreliert sind, sollte mit den ermittelten Daten die Möglichkeit geschaffen werden, Empfehlungen für möglichst zielgenaue Zugänge zum Schädelinneren zu erarbeiten. Dabei galt es morphometrisch zu klären, welche Strecken zwischen bestimmten ausgewählten Knochenpunkten (Points of Interest, POIs) sich von Altersgruppe zu Altersgruppe veränderten bzw. konstant blieben.

Im Vordergrund stand dabei aber nicht die Beschreibung ontogenetischer Wachstumsprozesse. Das *Hauptanliegen* war vielmehr, im Ergebnis *Listen von Richtwerten* für die Anwendung am Patienten vorzulegen und herauszustellen, bei welchen der gelisteten Strecken ein Untersucher das Alter des Pferdes besonders zu berücksichtigen hat.

Bisherige, umfangreiche craniometrische Studien am Pferd (LÖFFLER 1919; DRIESCH 1976; KOMOSA et al. 2006) decken diese Fragestellung nicht ab, denn: (1) Daten speziell über das Cavum cranii sind darin spärlich; zwar ermittelten CHROSZCZ et al. (2014) unter anderem einen Längendurchmesser der Schädelhöhle (die Strecke Ethmoideum – Basion), dies jedoch bei Schädeln von Pferden nicht genannten Alters; (2) in den genannten Untersuchungen blieb z.B. der Übergangsbereich vom Angesichts- zum Hirnschädel unberücksichtigt; (3) völlig unberücksichtigt sind bisher die möglichen Verschiebungen von Knochenpunkten, die die Schädelkapsel (Calvaria) außen flankieren (z.B. solche am Jochbogen), und die ihre topographischen Beziehungen zu intracranialen Strukturen womöglich verändern; (4) ein weiteres wesentliches Merkmal jener genannten craniometrischen Studien ist, dass die Vermessungen der einzelnen Schädelknochen von den *am Kopfskelett sichtba-*

ren Knochengrenzen – Suturen, Synchondrosen – ausgehen; solche sind aber am Kopf des lebenden Tieres nicht sicht- und nicht tastbar; dies erfüllt von vornherein nicht die Anforderungen, die an klinisch nutzbare Orientierungsmarken gestellt werden mögen.

5.1 Auswahl der Proben

Alter, Rasse und Geschlecht der Pferde, von denen die verwendeten 36 mazerierten und halbierten Pferdeschädel aus dem Fundus des Anatomischen Instituts stammten, waren vorberichtlich nicht bekannt. Extremtypen wurden aufgrund der deskriptiven Angaben von KRAHMER (1963) – der unter anderem auf die Arbeit von NEHRING (1884) zurückgriff – aus dem Probenpool ausgeschlossen. Aufgrund mangelnder bzw. nicht eindeutiger Daten und Parameter (KRAHMER 1963; KOMOSA et al. 2006) wurde von dem Versuch, verschiedene Warm- und Vollblutrassen zu unterscheiden, abgesehen. Dergleichen Angaben sind auch in der Arbeit von LÖFFLER (1919) nicht vorhanden.

5.2 Altersschätzung und Gruppeneinteilung

Da vorberichtlich keine Informationen über das Alter der Pferde zur Verfügung standen, eine altersabhängige Betrachtung der Schädel-/Knochenmaße aber angestrebt war, wurde eine Altersschätzung anhand der Zähne nach HABERMEHL (1975) vorgenommen, wie sie auch von BARTMANN et al. (2010) beschrieben wurde. Die Parameter für eine Definition der drei Altersgruppen (Vorhandensein der Milchzähne: Gruppe 1; Kunden an den Incisivi permanentes: Gruppe 2; Kundenfreiheit: Gruppe 3) wurden so gewählt, dass sie nicht nur ontogenetischen Entwicklungsphasen entsprechen (hier grob als „jung“, „adult“, „alt“ umrissen), sondern auch praktisch am lebenden Tier leicht anwendbar sind.

Die beiden Schädel der ganz jungen Pferde (0,12 Jahre) wurden bei der Darstellung der einzelnen Messwerte (Tab. 5, 12) separat dargestellt (als AGi), um die Variation zu den nächstälteren Individuen (1 Jahr) erkennbar zu machen. Wegen der geringen Stichprobenzahl (n = 2) wurden sie aber nicht als eine separate Gruppe etabliert, sondern in die Altersgruppe AG1 (< 5 Jahre) eingeordnet. Eine Vergrößerung der Stichprobenzahl der ganz jungen Pferde, z. B. durch Zugriff auf abgängige Patienten in diesem Alter, war nicht möglich; eine Euthanasie von jungen Tieren extra zum Zweck dieser Untersuchung wurde aus ethischen Gründen nicht in Betracht gezogen.

5.3 Messsystem, Messgenauigkeit, Messverfahren

Die *wiederholten* Messungen *derselben* Strecken an *einem* Schädel dienten nicht der Überprüfung der Messgenauigkeit des Systems an sich – diese wurde aufgrund der bis dato in der Fertigungstechnik weltweit verbreiteten Nutzung des verwendeten Systems (ANONYMUS 2015) nicht in Zweifel gezogen; sie dienten vielmehr der Überprüfung der korrekten Handhabung seitens des Untersuchers, einschließlich der reproduzierbaren Antastung der markierten POIs. Die Werte der Abweichungen bei der Mehrfachmessung lagen in einer Größenordnung von maximal 0,363 ± 0,278 mm. Diese wurde – mit Blick auf die Gesamtgröße des Objekts sowie in Bezug auf die praktische und biologische Relevanz – als unerheblich eingeschätzt: Die direkte Strecke (Δdir) 23-24 zum Beispiel war in Altersgruppe 1 187,481 ± 19,601 mm lang; die vergleichsweise kurze direkte Strecke (Δdir) 3-17 betrug 18,901 ± 3,608 mm. Darum wurden durch Auf-/Abrundung die vom System ausgegebenen Dezimalen der Messwerte bei der weiteren Auswertung der Daten diskriminiert.

Der für diese Studie wesentliche Vorteil des Faro® Fusion Messarms bestand darin, dass Strecken berechnet werden konnten, die mit herkömmlichen analogen Messgeräten nicht direkt erreicht und nicht exakt abgegriffen werden konnten. Dazu zählten (1) jene direkten Strecken, die von einem POI außen zu einem POI innen führten

(Δdir außen-innen); (2) Strecken, die als so genannte *indirekte* Strecken (Δlong, Δtrans, Δvert) angeben, wie weit ein POI vor, hinter oder über einem anderen POI gelegen ist. In diesem Fall schied der Messschieber als verlässliches Instrument aus, denn: Bei der Ermittlung einer *indirekten* Strecke ist der einem Knochenpunkt zuzuordnende zweite Punkt nicht als ein realer Knochenpunkt vorhanden, sondern nur als ein virtueller Punkt im Raum (siehe Abb. 8); ein solcher kann mit einem Messschieber oder Lineal nur vage angesteuert werden. Der Faro® Fusion Messarm dagegen erfasst ihn exakt anhand der x-, y- und z-Koordinaten.

5.4 Points of Interest (POIs)

Bei der Auswahl der Points of Interest (POIs) konnte nur begrenzt auf andere Studien, z.B. DRIESCH (1976), zurückgegriffen werden, weil in jenen der Hirnschädel nur an sehr wenigen Punkten erfasst worden war. Der bei CHROSZCZ et al. (2014) wesentliche Punkt „Ethmoideum“ kam nicht in Betracht, weil er nicht den rostralsten Bereich des Cavum cranii markiert; stattdessen wurde dem POI 25 (dorsal der Fossa ethmoidalis) der Vorzug gegeben. Die Fossa ethmoidalis selbst schied als Marke aus, weil ihre rostrale Wand (d.h. die Siebplatte, Lamina cribrosa) nicht immer vollständig erhalten war (siehe 5.4.1).

5.4.1 Palpierbare und direkt antastbare POIs

Ein Kriterium für die Auswahl von POIs an der der *Außenseite* des Schädels war, dass sie sich als markante Knochenpunkte abhoben und deshalb sowohl mit der Messspitze des Faro® Fusion Messarms eindeutig „antastbar“ als auch am lebenden Tier sicher palpierbar waren. Als POIs an der *Innenseite* des Schädels wurden solche gewählt, die sich in der Nähe zu bestimmten (neuro-)anatomischen Strukturen befanden (z.B. Crista orbitosphenoidalis: dorsal des Chiasma opticum [BÖHME 2004];

Crista sphenooccipitalis: caudale Grenze der Fossa cranii media, in der unter anderem die Hypophyse gelegen ist.) *

Für die Auswahl war ebenfalls relevant, ob es sich um Knochenstrukturen handelte, die durch Berührung mit der Messspitze, d.h. *mechanisch* antastbar waren. Unter diesem Gesichtspunkt schieden solche Knochenbereiche aus, die sehr dünn oder – so es sich um Vertiefungen handelte – in ihrer räumlichen Ausdehnung unklar waren: Wenngleich bei der Mazeration streng auf ein gleiches, möglichst schonendes Prozedere (3.1.1) Wert gelegt worden war, wiesen doch einige von ihnen (und so auch manche der bereits vorhandenen, älteren Präparate) Zeichen von mechanischen Abtragungen auf. Dies betraf oft die Lamina cribrosa (rostrale Grenze der Fossa ethmoidalis; siehe dazu auch 5.4) und die Impressio nervi trigemini, die das Ganglion trigeminale birgt (BÖHME 2004): Sie war in ihrem Fundus oft artifiziell vergrößert oder zumindest leicht porös, so dass sie nicht sicher mit der Messspitze angetastet werden konnte. Die Impressio nervi trigemini grenzt direkt an den rostro-dorsal von ihr gelegenen POI 20 (Abb. 2), der als Orientierungsmarke dienen könnte. Allerdings sei darauf hingewiesen, dass die Werte der indirekten Strecken (Δlong, Δtrans, Δvert) zwischen dem gut tastbaren POI 4 und dem besagten POI 20 in den Altersgruppen stark variierten (vor allem in der Vertikalen); POI 20 erscheint deshalb als eine Orientierungsmarke, die unter besonderer Beachtung des Alters des Pferdes beurteilt werden muss.

---

* Beachte: Die Hypophyse selbst ist kürzer als die Fossa cranii media; ihr liegt von rostral und von caudal je ein Sinus intercavernosus innerhalb der Fossa cranii media an (BÖHME 2004).

5.4.2 Abgeleitete POIs

In weiten Bereichen der Calvaria – außen wie innen – sind keine markanten knöchernen Höcker oder Leisten vorhanden, die als *direkt antastbare* POIs (5.4.1) geeignet wären. Darum wurden zusätzlich die so genannten *abgeleiteten* POIs eingeführt, um diesen Bereich zu untergliedern und detaillierter zu vermessen. Zu diesen abgeleiteten Punkten zählte der POI 14; er wurde genutzt zur Messung von Strecken/Abständen auf der z-Achse, insbesondere zur Ermittlung der Höhe des Cavum cranii (5.7).

5.4.3 POIs und ihre Bedeutung als Landmarks

Die Einschätzung der POIs hinsichtlich ihrer Eignung als Orientierungspunkte, *Landmarks*, geschah unter zwei verschiedenen Kriterien:

Erstens: Bei POIs *außen* am Schädel *galt von vornherein* die *gute Palpierbarkeit* (5.4.1) als *vorgegebenes wesentliches Merkmal*. Dazu zählten die POIs 3, 4, 5, 16, 23. Sie waren Ausgangs- und Bezugspunkte der untersuchten Strecken.

Zweitens: POIs *innen* am Hirnschädel wurden aufgrund der Streckenmesswerte als Landmark eingeschätzt, wenn sie weitgehend *lagekonstant* erschienen (d.h. wenn die auf sie bezogenen Strecken im Altersgruppenvergleich unverändert waren). Dies traf auf POI 17 und POI 18 (auf der Schädelbasis, in der Medianen) zu. Sie werden als wichtige Referenzpunkte für die Beschreibung des Cavum cranii insgesamt (5.7), der Fossa cranii media (5.8) im Besonderen und – späterhin in weiterführenden Untersuchungen – in topographischem Bezug zu neuronalen Strukturen eingeschätzt.

5.5 Direkte Strecken (Δdir)

Es waren vor allem die direkten Strecken *innerhalb* des Cavum cranii, die sich im Altersgruppenvergleich als *relativ konstant (d.h. im Altersgruppenvergleich relativ wenig veränderlich)* erwiesen. Eine Ausnahme von diesem Grundmuster stellte Δdir 17-22 (zwischen Crista orbitosphenoidalis und dem am weitesten lateral gelegenen POI der Schädelhöhle dar); sie wies als einzige unter den Strecken Δdir innen-innen signifikante Unterschiede im Altersgruppenvergleich auf und deutete auf eine Breitenzunahme im Bereich des *Cavum cranii* hin (5.7); eine solche Schlussfolgerung kann aber nicht allein aus einer Verlängerung dieser einen direkten Strecke abgeleitet werden; dazu bedarf es der *vergleichenden Betrachtung* mit anderen, auf dieselben POIs bezogenen direkten Strecken und auch mit *indirekten* Strecken Δlong, Δvert, Δtrans (5.6).

Generell handelte es sich bei jenen direkten Strecken, die sich altersbedingt zum Teil stark *veränderten*, um Strecken Δdir außen-außen und Δdir außen-innen; unter ihnen fielen vor allem jene auf, die sich bezogen auf POIs am Angesichtsschädel (POI 0), an der Crista nuchae (POI 16), am Jochbogen (POI 4), im Bereich der Orbita (POI 3, POI 23) und am Os frontale (POI 5 im Winkel zwischen Processus zygomaticus des Os frontale und der Linea temporalis) – jene POIs, die als tastbare Landmarks außen am Schädel vorgegeben waren (5.4.3). Wenn diese POIs zur Orientierung benutzt werden, muss dies also unter Berücksichtigung des Alters des Pferdes geschehen.

Ein gemeinsames topographisches Merkmal dieser besagten POIs ist, dass sie um die Wand des Cavum cranii herum (cranial, lateral) gruppiert sind (Abb. 1). Im Gegensatz zu ihnen können POIs *an der Wand des Cavum cranii selbst* (Abb. 1) aufgrund der ermittelten Streckenwerte als vergleichsweise lagekonstant (d.h. weniger stark veränderlich) eingeschätzt werden (5.7).

Dergleichen war aufgrund der Angaben von LÖFFLER (1919) und KRAHMER (1963) partiell zu erwarten: Diese Autoren wiesen auf das altersbedingte Wachstum vor allem im Bereich des Angesichtsschädels hin; LÖFFLER (1919) stellte zudem im Bereich des Hirnschädels die Höhenzunahme des Os occipitale heraus, und zwar mit Bezugnahme auf eine wachstumsbedingte Erhöhung der Zugwirkung von Kopf-Hals-Muskeln, auf die bereits KLATT (1913) einging. Eine Breitenzunahme des Schädels beruht im Wesentlichen auf einer Zunahme des Abstands des rechten und des linken Jochbogens; dies geht auch aus den Messungen von KRAHMER (1963) hervor. Viele der oben genannten POIs befanden sich allerdings im *Übergangsbereich* von Angesichts- und Hirnschädel und damit in einem Bereich, der in bisherigen Untersuchungen keine besondere Beachtung gefunden hatte.

Im *Überblick* sind die Daten der direkten Strecken (Δdir) sehr *heterogen*. Selbst bei den Strecken, die sich auf die oben genannten POIs bezogen, waren nicht alle ermittelten Unterschiede statistisch signifikant. Dies beruhte auf der starken *Streuung* der Werte innerhalb der Vergleichsgruppen; sie zeigte sich vor allem in den Altersgruppen 1 und 2 und unterstreicht *inter*individuelle Variationen (Antast- oder Messungenauigkeiten sind auszuschließen, siehe 5.3) in dieser probabilistischen Studie. Aufgrund derartiger Variationen ist es im Rahmen stereotaktischer Untersuchungen (AFSHAR et al. 1978; BOOM 2001) geläufig, von so genannten *Aufenthaltswahrscheinlichkeiten* zu sprechen. Auch *intra*individuelle Unterschiede (Asymmetrie rechts-links) sind in Betracht zu ziehen (5.9).

5.6 Indirekte Strecken (Δlong, Δtrans, Δvert)

Eine vergleichende Betrachtung der indirekten Strecken (Abb. 26, Abb. 27) gibt in manchen Fällen Auskunft über die *Richtung*, in die ein POI verlagert wird. Dies kann mit Verweis auf die oben genannten Abbildungen am Beispiel des POI 4 – aus der Gruppe der oben (5.4, 5.5) herausgestellten, gut tastbaren, sich verlagernden Punkte – abgeleitet werden: Die Strecke Δlong 18x-4x war konstant, während Δtrans 18y-4y und Δvert 18z-4z vergrößert waren: POI 4 wurde also nach lateral (y-Achse) und nach dorsal (z-Achse) verlagert (POI 18 ist stets in der Medianen platziert, so dass seine Verlagerung nach lateral ausgeschlossen ist; ebenso wird seine Lage auf der Z-Achse als unverändert angenommen, weil ein „Absinken“ der Schädelbasis erst caudal von POI 18, d.h. im Bereich des Os occipitale, erkennbar ist).

Zur Überprüfung solcher Schlussfolgerungen, Wachstumsrichtungen betreffend, bedürfte es anderer Messprozeduren, z.B. solcher auf geometrischer Grundlage, wie sie ONAR (1999) und ONAR u. GÜNES (2003) für Untersuchungen des Schädels vom Hund entwickelt haben und wie sie aktuell von LUDWIG (2015) am Schädel des Pferdes durchgeführt werden. Dergleichen geht über den für diese Arbeit gesteckten Rahmen hinaus.

In der Gesamtschau (Abb. 26, Abb. 27) wird außerdem deutlich, dass es sich bei den *nicht veränderten* Strecken überwiegend um jene in der *Längsrichtung* (x-Achse) handelt, die die Länge des *Innenraums* (Cavum cranii) und Teile der *Schädelbasis* kennzeichnen.

Veränderliche Strecken dagegen sind, erstens, überwiegend auf POI 16 (Crista nuchae) bezogene Strecken in der Längsrichtung (x-Achse) und, zweitens, *fast alle* Strecken in *der lateralen* (y-Achse) und *dorsalen Richtung* (z-Achse). Bei diesen beiden letztgenannten sind überwiegend die mehrfach angesprochenen, gut tastbaren Landmarks POI 3 und POI 23 (Orbita) sowie POI 4 (auf dem Jochbogen) involviert (Abb. 26), so dass die von ihnen ausgehenden Streckenlängen *stets unter Beachtung des Alters* zu betrachten sind. Dies gilt ganz besonders für die Strecke Δtrans 3y-13y (medial der Orbita am rostralsten Punkt der Linea temporalis einerseits und der Medianen andererseits) sowie Δtrans 23y-17y, die vom caudalen Rand der Orbita zur (in der Medianen gelegenen) Crista orbitosphenoidalis zieht.

5.7 Cavum cranii

Die synoptische Darstellung der *indirekten* Strecken (Abb. 26, Abb. 27) macht auch erkennbar, dass die Schädel*kapsel* mit ihrem *Cavum cranii* ein insgesamt wenig veränderter des Teil Schädels ist. Dies wurde auch durch die Streuung der Mittelwerte angedeutet, denn sie war bei den Strecken innen am Hirnschädel geringer als bei den Strecken außen.

Die Länge der rostralen (großen) Abteilung des Cavum cranii (Strecke Δdir 25-26) war im Altersgruppenvergleich relativ konstant (die Unterschiede betrugen 2 mm im Vergleich AG1-AG2, 3 mm im Vergleich AG2-AG3; der Gesamtunterschied von 5 mm war aber geringer als die jeweils ermittelten Standardabweichungen [Tab. 5, 10]). Die Standardabweichungen *innerhalb* der Altersgruppen waren sogar größer als die Unterschiede *zwischen* den Altersgruppen; dies deutet auf die individuell große Variabilität der Streckenlängen hin, die einerseits auf tatsächlichen biologischen Variationen der Tiere beruhen können, andererseits aber auch auf Diskrepanzen bei der Positionierung der beiden genannten POIs. *

---

* Es sei nochmals betont, dass POI 25 ein dorsal der Fossa ethmoidalis gelegener, rostral orientierter Punkt des Cavum cranii ist; ihm liegt der Cortex frontalis des Cerebrums an. Als rostralster Punkt des Cavum cranii wird – aus oben (siehe 5.4) genannten Gründen – nicht die Lamina cribrosa des Siebbeins angenommen.
POI 26 liegt an dem womöglich in Form und Ausprägung variierenden Tentorium cerebelli osseum.

Auf den POI 25 (rostrale Grenze des Cavum cranii) war auch die Strecke Δlong 23x-25x ausgerichtet (POI 23 = caudaler Orbitarand); deren Länge war bei den beiden ganz jungen Schädeln am größten (8 ± 1 mm), bei den folgenden Altersgruppen um 2-3 mm (Tab. 12) kleiner. Zwar fällt bei Letztgenannten die relativ starke Streuung auf (5 ± 3 mm bzw. 6 ± 5 mm), so dass – auch eingedenk der Größenordnung der Werte insgesamt – die Unterschiede praktisch zu vernachlässigen sein mögen. Dennoch deutet sich in diesem Bereich des Craniums eine besondere Dynamik an, die wegen der relativ geringen Stichprobenanzahl der jungen Pferde (n = 2, Tab. 4) leider nicht weiter untersucht werden konnte. Auch hierbei käme der Analyse der Wachstums*richtung*, auf die bereits oben hingewiesen wurde, eine Bedeutung zu.

Im Vergleich zu den geschilderten relativ *geringen Längen*veränderungen soll gemäß den Angaben von LÖFFLER (1919) und KRAHMER (1963) das *Breiten-* und *Höhenwachstum* des Cavum cranii *größer* sein. Eine Analyse der topographischen Beziehung der Strecke Δdir 17-22 (zwischen Crista orbitosphenoidalis und lateralstem Punkt des Cavum cranii) zu anderen POIs konnte diesen Sachverhalt andeuten, in der Statistik aber nicht bestätigen: Δdir 17-22 vergrößerte sich im Altersgruppenvergleich leicht, d.h. im Vergleich AG2-AG3 um 4 mm (Tab. 5, 10); ihr POI 22 ist zwischen POI 17 und POI 18 – beide median gelegen (Abb. 2) – positioniert; da die Strecke Δlong 17x-18x konstant war (Abb. 27), kann besagte Verlängerung von Δdir 17-22 nur auf einer Verlagerung von POI 22 weiter nach lateral beruhen. Allerdings war eine Signifikanz nur im Globaltest (Tab. 10) nachweisbar.

Die Schwierigkeit, POI 22 sicher zu verorten, wird auch deutlich bei Betrachtung seiner Lagebezeichnung zu der außen, am Jochbogen, platzierten Landmark POI 4: deren Abstand von der Medianen (z.B. Δtrans 17y-4y) nahm von den ganz jungen zu den alten Schädeln um ca. 10 mm zu (Tab. 12); analog nahm auch der Abstand des POI 22 von der Medianen (Δtrans 17y-22y) zu, und zwar um 8 mm. Die Seitenwand des Cavum cranii (POI 22) scheint also nach lateral zu wandern, allerdings nicht in demselben Maß wie der Jochbogen (POI 4). Darum müsste folglich der seitliche Abstand zwischen diesen beiden POIs (Δtrans 22y-4y) zumindest leicht anwachsen;

dies jedoch geben die Messwerte überraschender Weise nicht wieder – im Gegenteil: die Werte von Δtrans 22y-4y waren in der Gruppe der alten Tiere sogar niedriger als bei den jungen. Dies kann mit biologischen Abläufen nicht erklärt werden; vielmehr deutet sich an, dass die Messwerte deshalb derart divergieren, weil die Platzierung der Marke des POI 22 sehr subjektiv variiert (die Entscheidung also, wo genau „der am weitesten lateral gelegene Bereich" [= POI 22] tatsächlich liegt). Das Innenrelief der Schädelkapsel ist aufgrund der Impressiones digitatae (FREWEIN et al. 2004) nicht gleichmäßig, sondern weist Vertiefungen (und folglich dazwischen liegende Erhöhungen) auf; ob deren womöglich individuell variierende Tiefe für die Messwerte ausschlaggebend ist, kann hier nicht beurteilt werden, weil keine Messungen der Dicke der Schädelwand vorgenommen wurden. Ebenso bleibt die Beurteilung des Ausmaßes, in dem POI 22 verlagert wird, unsicher; hier könnten andere Verfahren (z.B. die oben erwähnte Analyse von Winkeln [LUDWIG 2015]) Aufschluss geben.

5.8 Fossa cranii media

Die Fossa cranii media (mit der zentral darin gelegenen Hypophyse) befindet sich in einer altersabhängigen Lagebeziehung zu POI 4 (auf dem Jochbogen). Rostral durch POI 17 (Crista orbitosphenoidalis) und caudal durch POI 18 (Crista sphenooccipitalis) begrenzt, hat sie eine weitgehend konstante Länge (d.h. Δdir 17-18 blieb in den Altersgruppen unverändert). Ebenso waren die Abstände zu POI 4 in der Längsrichtung (Δlong 17x-4x, Δlong 18x-4x) kaum verändert (nicht mehr als 2 mm); so lag die *rostrale* Begrenzung der Fossa cranii media ca. 47 mm rostral des POI 4, während ihr caudales Ende ca. 4 mm rostral des POI 4 reichte. POI 4 befand sich zudem – je nach Altersgruppe – ca. 65 mm bis 78 mm dorsal von POI 18 (Δvert 18z-4z).

5.9 Asymmetrie

Aufgrund der Definition und Art der Ableitung lag POI 13 auf derselben Querebene wie die Landmark POI 3, und analog war POI 14 auf derselben Querebene wie die Landmark POI 4 lokalisiert (Abb. 1). Deshalb war zu erwarten, dass die ermittelten Werte für die indirekten Strecken auf der x-Achse, also Δlong 3x-13x und Δlong 4x-14x, den Wert 0 hatten. Dieses war aber nicht der Fall (Tab. 12, 13, 15); es wurden Streckenlängen von 3 ± 3 mm (Δlong 3x-13x) oder gar von 6 ± 2 mm ermittelt, wobei der Wert der Standardabweichung oft dem Absolut-Wert gleich kam. Diese Werte könnten als eine Ungenauigkeit interpretiert werden, weil die Durchführung der Ableitung sehr komplex ist (es werden Hilfslinien gebildet, die zum Teil nicht mit gut tastbaren, sondern mit ebenfalls abgeleiteten POIs assoziiert waren [Tab. 2]).

Jedoch könnten diese Messwerte auch auf eine *Asymmetrie* der rechten und linken Schädelhälfte hindeuten. Dieses konnte in dem vorliegenden Untersuchungsgut nicht untersucht werden, da – bedingt durch die Bereitstellung der Schädel (3.1) – von vornherein keine ganzen Schädel – und somit keine sicher zusammengehörigen Schädelhälften – vorlagen bzw. einander nachträglich nicht mehr sicher zugeordnet werden konnten.

Solange eine Asymmetrie rechts-links noch nicht durch eine vergleichende Untersuchung zusammen gehöriger rechter und linker Schädelhälften ausgeschlossen wurde, erscheint es nicht angebracht, den POI 14 durch eine die Mediane kreuzende Verbindungslinie zwischen POI 4 rechts und POI 4 links zu definieren (je nach Ausmaß der Asymmetrie würde sie die Mediane weiter rostral oder weiter caudal treffen).

Über Asymmetrie zwischen rechter und linker Schädelhälfte an Haussäugetierschädeln ist bisher nicht berichtet worden. Beim *Menschen* sind Asymmetrien am *Cranium* bekannt (PRZYGOCKA et al. 2012); bei einer *Gesichts-Asymmetrie* sind auch die Weichgewebe des Gesichts und vor allem auch der Unterkiefer einbezogen (CLAES et al. 2013; LIN et al. 2015). Dabei gilt es zu bedenken, inwieweit eine fehlende *An-*

gesichts-Harmonie (CLAES et al. 2013) als im Rahmen des Normalen liegend oder als eine Dysmorphologie (CLAES et al. 2013) bewertet wird.

6 Zusammenfassung

Peter Brucker

Morphometrische Untersuchung des Hirnschädels vom Pferd mit einem computergestützten 3-dimensionalen Messsystem

Das in der industriellen Fertigungstechnik international etablierte, computergestützte Messsystem, der Faro® Fusion Messarm, ist angewendet worden, um insbesondere Strecken von der Außen- zur Innenseite des Schädels vom Pferd zu vermessen. Ziel war es, nach Altersgruppen geordnete Messwerte ausgewählter Strecken in Referenzlisten anzubieten.

In der äußeren Umgebung der Calvaria wurden so genannte Points of Interest (POIs) als gut palpierbare osteologische Landmarks oder als topographisch abgeleitete POIs definiert; analog wurden POIs innerhalb des Cavum cranii bestimmt. Alle POIs mussten mechanisch (d.h. durch Berührungskontakt der Messspitze des Gerätes mit dem POI) antastbar sein.

Die Antastungen, und folglich auch die Messungen, wurden ausschließlich an in der Medianen halbierten Schädeln durchgeführt; diese lagen im Institut vor oder wurden aus Köpfen vormaliger Kurspräparate durch Mazeration hergestellt. Es wurden keine Pferde für diese Studie euthanasiert. Das Alter der untersuchten Schädel wurde anhand ihrer Zähne geschätzt. Mit Ausnahme von zwei Fällen im geschätzten Alter von 6 Wochen betrug das Alter minimal 1 Jahr und maximal 23 Jahre. Der Stichprobenumfang betrug 36 Schädelhälften (Altersgruppe 1: < 5 Jahre, n = 7; Altersgruppe 2: 5-12 Jahre, n = 13; Altersgruppe 3: > 12 Jahre, n = 16).

Die Schädelkapsel war in ihrem Inneren im Bereich der Basis cranii relativ längenkonstant, vor allem in Bezug auf die Fossa cranii media. Die Länge der großen rostralen Abteilung des Cavum cranii vergrößerte sich dagegen leicht, jedoch nicht signifikant (d.h. um nicht mehr als 3 mm). Der Innenraum des Cavum cranii nahm auch an Höhe und an Breite zu: z. B. veränderte sich die Strecke ∆vert 18z-14z (der vertikale Abstand zwischen POI 18 [Crista sphenooccipitalis] und POI 14 [Dach der Calvaria in der Medianen]) um maximal 10 mm, während sich die Breite (hier ∆trans 13y-5y: zwischen POI 13 median im Dach der Calvaria and POI 5 als rostralstem Punkt des Os parietale) maximal um 5 mm änderte.

Im Gegensatz dazu wiesen Streckenlängen zwischen Knochenstrukturen, die die Calvaria außen umrahmten, in den Altersgruppen stärkere Unterschiede auf. Dies betraf in der Längsrichtung (x-Achse) insbesondere alle jene Strecken, an denen die Crista nuchae beteiligt war. In der Querrichtung erwiesen sich alle gut tastbaren Landmarks an Orbita und Jochbogen in ihrer Lage verändert; dies ergab sich aus den Zunahmen der transversal gerichteten Strecken (y-Achse) und z. T. der senkrecht verlaufenden Strecken (z-Achse).

Generell wird zu bedenken gegeben, dass die Strecken in einer relativ kleinen Dimension (mm) gemessen wurden, und dass sie oft Unterschiede von nur wenigen Millimetern aufwiesen; überdies ist ein derart punktgenaues manuelles Abgreifen am lebenden Tier nicht möglich. Deshalb, und auch in Hinblick auf die Streuung der ermittelten Messwerte, wird nahegelegt, die angegebenen Maße als Richtwerte anzunehmen (als so genannte Aufenthaltswahrscheinlichkeit der angesteuerten POIs).

In einigen Fällen erschien es wünschenswert, die Richtung von wachstumsbedingten Verlagerungen der Punkte nicht nur – wie hier – anhand von Vergleichen mehrerer assoziierter Punkte/Strecken abzuleiten, sondern sie mit dem System zu berechnen. Dies soll aber Aufgabe nachfolgender Arbeiten sein, ebenso wie die Übertragung der Daten vom Schädel auf den Kopf mit seinen Weichgeweben sowie die praktische Überprüfung, einschließlich solcher mit den Mitteln bildgebender Verfahren.

7 Summary

Peter Brucker

Morphometrical investigation of the neurocranium of horses by means of a computer-assisted 3-dimensional measuring device

The Faro® Fusion Measurement Arm – a computer-assisted measuring device that is internationally established in product engineering – was used to measure distances at the outside, at the inside, and particularly from the outside to the inside of the equine skull. The aim was to elaborate reference lists of selected distances in horses of different age-groups.

Points of Interest (POIs) were defined as either easily palpable landmarks or as deduced points on the outer surface of the calvaria and on structures surrounding it. Inside the cranial cavity, distinct osteologic landmarks were chosen as POIs, some of them with a topographic relation to specific neuro-anatomical structures. A prerequisite for the POIs was that they could be touched mechanically, i.e. by physical contact with the tip of the measuring device.

Only longitudinally cut halves of skulls were used. They were taken from the collection of the Institute of Anatomy of the University of Veterinary Medicine Hannover, or were prepared from specimens of the students' anatomical dissection classes. No animals were sacrificed for the purpose of this study. The age of the specimens was estimated on the basis of their dental status. Two specimens were 6 weeks old, while the age of the others ranged between 1 and 23 years. They were assigned to three age-groups (group 1: < 5 years, n = 7; group 2: 5 - 12 years, n = 13; group 3: > 12 years, n = 16).

The interior basis of the cranial cavity was relatively constant in length, especially with regard to the Fossa cranii media. The length of the large rostral compartment of the Cavum cranii increased slightly with age, i.e. by a maximum of 3 mm, which was not statistically significant. The height and width of the Cavum cranii also increased. For instance, the distance Δvert 18z-14z, i.e. the vertical distance between POI 18 (Crista sphenooccipitalis) and POI 14 (roof of the calvaria in the median plane) increased by a maximum of 10 mm; the distance Δtrans 13y-5y, i.e. the transversal distance between POI 13 in the median plane of the calvaria's roof and POI 5 (most rostral point of Os parietale, located on the Linea temporalis) increased by a maximum of 5 mm.

In contrast to the situation at the inside of the skull, relatively larger age-related differences occurred in the distances between bony structures at the outer surroundings of the calvaria. This was true particularly along the longitudinal axis (x-axis) of those distances related to POI 16 (Crista nuchae). All of the well-palpable landmarks related to the orbita and to the zygomatic arch changed their position along the transversal axis (y-axis), and – in part – also along the horizontal axis (z-axis), i. e. in lateral and/or dorsal direction.

A fact to be generally considered is that the dimensions of the measurements were small (millimeters), and that the measured differences were also relatively small (mostly just a few millimeters). Furthermore, a comparably precise palpation of the POIs in these dimensions may be difficult in a living animal. For this reason – and also considering the variance of the measured values – it is suggested to regard the values that are reported in this study as approximate values for orientation (likelihood of position of POIs).

In a few cases, the direction of the growth-related shifts of POIs could only be deduced from comparisons of several related POIs/distances; a different setting of the system would have been required to perform the appropriate measurements. These examinations, as well as the practical review on entire heads, including procedures of diagnostic imaging systems, may be subject to the subsequent studies.

8 Schriftumsverzeichnis

ANONYMUS (2015):
www.measuring-arms.faro.com
(zuletzt aufgerufen: 06.04.2015)

AFSHAR, F., E. S. WATKINS u. J. C. YAP (1978):
Stereotactic atlas of the human brainstem and cerebellar nuclei. A variability study.
Verlag Raven Press, New York
(zitiert nach BOOM [2001])

ALPAK, H., R. MUTUS u. V. ONAR (2004):
Correlation analysis of the skull and long bone measurements of the dog.
Ann. Anat. 186, 323-330

ARENCIBIA, A., J. M. VAZQUEZ, J. A. RAMIREZ, G. RAMIREZ, J. M. VILAR, M. A. RIVERA, S. ALAYON u. F. GIL (2001):
Magnetic resonance imaging of the normal equine brain.
Vet. Radiol. Ultrasound 42, 405-409

BARTMANN, C. P., H. WISSDORF, F. GLITZ, C. STASZYK u. E. DEEGEN (2010):
Kennzeichen, Signalement.
in: WISSDORF, H., H. GERHARDS, B. HUSKAMP u. E. DEEGEN (Hrsg.): Praxisorientierte Anatomie und Propädeutik des Pferdes, 3. Aufl., Verlag Schaper, Hannover, S. 843-855

BÖHME, G. (2004):
NICKEL, R., A. SCHUMMER u. E. SEIFERLE: Lehrbuch der Anatomie der Haustiere, Band IV: Nervensystem, Sinnesorgane, Endokrine Drüsen.
4. Aufl., Verlag Parey, Stuttgart

BOOM, R. van den (2001):
Erstellung eines digitalen dreidimensionalen Volumenmodelles des menschlichen Hirnstammes nach dem stereotaktischen Wahrscheinlichkeitsatlanten von AFSHAR, WATKINS und YAP.
Aachen, Rhein.-Westfäl. Techn. Hochsch., Diss.

BROSNAN, R. J., R. A. LECOUTEUR, E. P. STEFFEY, A. IMAI u. G. D. KORTZ (2002):
Direct measurement of intracranial pressure in adult horses.
Am. J. Vet. Res. 63, 1252-1256

BRUCKER, P., A. LANG, A., T. WREDE u. H. GASSE (2014):
Craniometry on equine skulls by means of a computer-aided 3-dimensional measuring device.
in: 109th Annual Meeting, Anatomische Gesellschaft, Salzburg, 24. – 27. 09. 2014 (Poster 24).
[Internet: URL: http://anatomische-gesellschaft.de/tagungen-ag3/abstract-archive.html]

CARREIRA, L. M., A. FERREIRA u. F. L. BURILO (2011):
The dorsal saggital venous sinus anatomical variations in brachycephalic, dolichocephalic, and mesocephalic dogs and their significance for brain surgery.
Anat. Rec. 294, 1920-1929

CLAES, P., M. WALTERS, D. GILLETT, D. VANDERMEULEN, J.G. CLEMENT u. P. SUETENS (2013):
The normal-equivalent: a patient-specific assessment of facial harmony.
Int. J. Oral Maxillofac. Surg. 42, 1150-1158

CHRÓSZCZ, A., M. JANECZEK, E. PASICKA u. J. KLECKOWSKA-NAWROT (2014):
Height at the withers estimation in the horses based on the internal dimension of cranial cavity.
Folia Morphol. 73, 143-148

DRIESCH, A. von den (1976):
A guide to the measurement of animal bones from archaeological sites.
Harvard University, Peabody Museum, Bulletin 1

DUJARDIN, J. P. AL, D. KABA u. A. B. HENRY (2010):
The exchangeability of shape.
BMC Research Notes, 3, 266.

ERIKSEN, T., H. KUIPER, R. PIELMEIER, M. GANTER, O. DISTL u. C. STASZYK (2012):
Ovine craniofacial malformation: A morphometric study.
Res. Vet. Sci. 93, 1122-1127

EVANS, K. E., u. P. D. McGREEVY (2006):
Conformation of the equine skull: A morphometric study.
Anat. Histol. Embryol. 35, 221-227

FEARY, D. J., K. G. MAGDESIAN, M. A. ALEMAN u. D. M. RHODES (2007):
Traumatic brain injury in horses: 34 cases (1994–2004).
J. Am. vet. med. Assoc. 231, 259-266

FEIGE, K., A. FÜRST, B. KASER-HOTZ u. P. OSSENT (2000):
Traumatic injury to the central nervous system in horses: occurrence, diagnosis and outcome.
Equine Vet. Educ. 12, 220-224

FREWEIN, J., K.-H. WILLE u. H. WILKENS (2004):
NICKEL, R., A. SCHUMMER u. E. SEIFERLE: Lehrbuch der Anatomie der Haustiere, Band I: Bewegungsapparat.
8., unveränderte Aufl., Verlag Parey, Stuttgart

HABERMEHL, K. H. (1975):
Die Altersbestimmung beim Pferde.
in: Habermehl, K. H. (Hrsg.): Die Altersbestimmung bei Haus- und Labortieren.
2. Aufl., Verlag Parey, Berlin und Hamburg, S. 28-57
(zitiert nach BARTMANN et al. 2010)

KAINER, R. A. (1993):
Clinical anatomy of the equine head.
Vet. clin. North Am. Eq. Pract. 9, 1-23

KLATT, B. (1913):
Über den Einfluß der Gesamthöhe auf das Schädelbild nebst Bemerkungen über die Vorgeschichte der Haustiere.
Arch. Entwicklungsmech. 36, 444-446

KOMOSA, M., K. MOLINSKI u. S. GODYNICKI (2006):
The variability of cranial morphology in modern horses.
Zool. Sci. 23, 289-298

KRAHMER, R. (1963):
Messungen am Kopfskelett des Pferdes, ein Beitrag zur Bedeutung der Kraniologie.
Leipzig, Univ., Veterinärmed. Fak., Diss.

KRAHMER, R. (1965):
Vergleichende Messungen am Skelett des Pferdes, 2. Mitteilung: Messungen am Skelett des Kopfes.
Wien. Tierärztl. Mschr. 52, 895-905

LACOMBE, V. A., C. SOGARO-ROBINSON u. S. M. REED (2010):
Diagnostic utility of computed tomography imaging in equine intracranial conditions.
Eq. Vet. J. 42, 393-399

LIN, H.-H., Y.-F. CHUANG, J.-L. WENG u. L.-J. LO (2015):
Comparative validity and reproducibility study of various landmark-oriented reference planes in 3-dimensional computed tomographic analysis for patients receiving orthognathic surgery.
PLoS ONE 10: e0117604.
doi:10.1371/journal.pone.01117604
(zuletzt aufgerufen: 25.03.2015)

LUDWIG, M. (2015):
Computergestützte Craniometrie beim Pferd unter besonderer Berücksichtigung altersabhängiger Lageverschiebungen osteologischer Landmarks.
Hannover, Tierärztl. Hochsch., Diss. (zur Einreichung bereit)

LÖFFLER, K. (1919):
Untersuchungen über die Wachstumsverhältnisse der Kopfknochen des Pferdes.
Gießen, Univ., Veterinärmed. Fak., Diss.

MACKAY, R. J. (2004):
Brain injury after head trauma: pathophysiology, diagnosis, and treatment.
Vet. clin. North Am. Eq. Pract. 20, 199-216

MARTIN, P. (1912):
Lehrbuch der Anatomie der Haustiere 1
2. Aufl., Verlag Schickhardt und Ebner, Stuttgart

MORROW, K. L., R. D. PARK, T. L. SPURGEON, T. S. STASHAK, u. B. ARCENEAUX (2000):
Computed tomographic imaging of the equine head.
Vet. Rad. Ultrasound 41, 491-497

NEHRING, A. (1884):
Fossile Pferde aus deutschen Diluvialablagerungen und ihre Beziehungen zu den lebenden Pferden.
Landwirtschaftl. Jahrb., 1884, 81-160

ONAR, V. (1999):
A morphometric study on the skull of the german shepherd dog (Alsatian).
Anat. Histol. Embryol. 28, 253-256

ONAR u. GÜNES (2003):
On the Variability of Skull Shape in German Shepherd (Alsatian) Puppies.
Anat. Rec. Part A 272A:460-466

OSBORN, H. F. (1912):
Craniometry of the equidae.
Memoirs of the American Museum of Natural History, New Series Vol. I Part. III

PARK, R. D. (1993):
Radiographic examination of the equine head.
Vet. clin. North Am. Eq. Pract. 9, 49-74

PEASE, A. P., H. C. SCHOTT II, E. B. HOWEY u. J. S. PATTERSON (2011):
Computed tomographic findings in the pituitary gland and brain of horses with pituitary pars intermedia dysfunction.
J. Vet. Intern. Med. 25, 1144-1151

PRZYGOCKA, A., M. PODGORSKI, K. JEDRZEJEWSKI, M. TOPOL u. M. POLGUJ (2012):
The location of the infraorbital foramen in human skulls, to be used as new anthropometric landmarks as a useful method for maxillofacial surgery.
Folia morphol. 71, 198-204

SEIFERLE, E. (1957):
Zur makroskopischen Anatomie des Pferdehirns.
Acta anat. 30, 775-786

SIMON, E. (1955):
Vordere und mittlere Schädelgrube bei Haussäugetieren, 2. Mitteilung: Domestizierte Ungulaten.
Acta anat. 23, 206-241

STICK, J.A. T. WILSON u. D. KUNZE (1980):
Basilar skull fractures in three horses.
J. Am. Vet. Med. Assoc. 176, 228-231

THOMSON, C. E., J. N. KORNEGAY, R. A. BURN, B. P. DRAYER, D. M. HADLEY, D. C. LEVESQUE, L. A. GAINSBURG, S. B. LANE, N. J. H. SHARP u. S. J. WHEELER (1993):
Magnetic resonance imaging - A general overview of principles and examples in veterinary neurodiagnosis.
Vet. Rad. Ultrasound 34, 2-17

USSOW, S. S. (1901):
Über Alters- und Wachstumsveränderungen am Knochengerüst der Haussäuger.
Arch. wiss. prakt. Tierhk. 27, 336.

USSOW, S. S. (1902):
Über Alters- und Wachstumsveränderungen am Knochengerüst der Haussäuger.
Arch. wiss. prakt. Tierhk. 28, 134.

WEBER, W. (1963):
Röntgen-anatomische Untersuchungen am Gesichtsschädel des Pferdes.
Hannover, Tierärztl. Hochsch., Diss.

WREDE, T. (2013):
Persönliche Mitteilung (Laborskript Koordinatenmesstechnik zum Labor Fertigungsmesstechnik, von T. Wrede, Sept. 2013. Hochschule Hannover, Fakultät II, Abteilung Maschinenbau)

WYROST, P., u. J. KUCHARCZYK (1967):
Versuch der Bestimmung der Widerristhöhe des Hundes mittels der inneren Hirnhöhlenlänge.
Acta Theriol. 9, 105-110
(zitiert nach CHROSZCZ et al. 2014)

9 Anhang

9.1 Sachregister

Danksagung

Herrn Univ.-Prof. Dr. Hagen Gasse danke ich für dieses interessante Thema, die lehrreichen Stunden, die außerordentliche, immer freundliche und geduldige Betreuung während der gesamten Zeit.

Frau Dr. Anja Lang danke ich für das stets offene Ohr und die unermüdliche Hilfe während der gesamten Zeit.

Herrn Dipl.-Ing. Tibor Wrede (Hochschule Hannover, Fakultät II, Abteilung Fertigungsmesstechnik) möchte ich für die komplexe Einweisung in das Messsystem, für den Blick über den Tellerrand, die Duldung von Knochen in seinem Labor und all die Hilfe danken, die mir durch ihn während meiner Zeit an der Hochschule Hannover zu Teil wurde.

Herrn Dr. Karl Rohn (Institut für Biometrie, Epidemiologie und Informationsverarbeitung) danke ich für die kurzfristigen Termine und die freundliche Beratung bei der statistischen Auswertung der Daten.

Herrn Dipl.-Ing Frank Goblet und seinem Team (Fachgebiet Allgemeine Radiologie und Medizinische Physik) danke ich für die Anfertigung der Messsonde und die Fachberatung.

Frau Gudrun Wirth danke ich für die große Hilfe bei der Beschaffung von Literatur und die Unterstützung bei den Grafiken.

Herrn Dr. Rüdiger Koch danke ich für Hilfsbereitschaft bei allen Computerproblemen und die konstruktive Kritik.

Herrn Matthias Ludwig danke ich für zwei Jahre geduldiges Teilen eines Büros, die konstruktive Kritik und die gute Laune.

Herrn Oliver Stünkel, Herrn Peter Stahlhut und Herrn Thorben Meyer danke ich für die Hilfe in allen technischen Aspekten.

Allen Angehörigen des Anatomischen Instituts möchte ich für ihre Freundlichkeit und Hilfsbereitschaft danken.

Der Tierklinik Hochmoor danke ich für zwei Jahre spannende Arbeit und für das Wissen, das ich mir aneignen durfte.

Dem Riethmüller-Clan danke ich für die unermüdliche Hilfe in allen Lebenslagen.

Ich danke meinen Eltern für ihre Unterstützung und dafür, dass sie stets an mich geglaubt haben.

Meiner Frau Britta danke ich von ganzem Herzen für ihr Durchhaltevermögen, ihre Geduld mit einem alten Dickkopf, ihr Organisationstalent und für unsere wunderbare Tochter Leona Freya.